請直接剪下使用
彩色複印可重覆使用

保存標籤紙

寫上料理名稱和製作日期

作為贈送禮物時的留言便籤

標籤的
使用方法
p.74

事先寫上製作日期和料理名稱，打開冰箱時，全部一目瞭然。貼上獨特風格的留言便籤，就能DIY打造成可愛的保存容器，收到禮物的人也會相當開心。

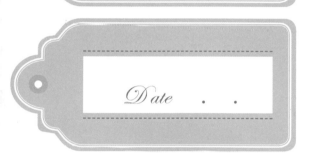

For You

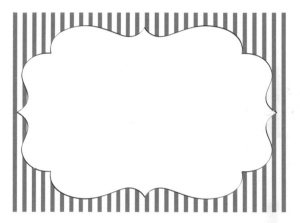

Date . .

Bon appétit!

Thanks!

一輩子受用無窮、百嚐不厭的常備菜。

幸福保存食
家傳筆記

黑田民子

三悅文化

自序

小時候母親手作的各種保存食，成為我們家餐桌上每天不同的點綴裝飾。

結婚後，在打理丈夫和小孩們的三餐時，眼前總會浮現一道道母親手作的菜餚，將它配合著家人的喜好口味製作，不久之後，逐漸成為專屬我家的味道。

那是利用四季賜予的食物烹調而成，每道料理都有各自不同的美味和快樂的回憶。

在帶著涼意的初春時節裡，燙煮黃豆、製作味噌，等到春天正式來臨，就接著醬滷野菜、或是製作草莓果醬。

初夏時，用青梅釀製梅酒，然後等到青梅轉為黃色的熟成梅，就用來醃製梅子。

到了食慾旺盛的秋季，就製作糖漬水果或是果實酒，然後是栗子澀皮煮。

冬天用白菜醃製泡菜，在享受等待熟成樂趣的同時，冬天也悄悄結束了。

透過四季的變化，一一品嚐手作的美味及樂趣。

雖然是每年例行的工作，但如果因為忙碌而倉促製作，偶爾會發生東西煮焦、或是抓錯分量等這樣的失敗，因而感到沮喪。

正因為如此，才更要注重「細心」二字。

但是，唯有細心才是不可或缺的必備之物。

只要細心地做好備料調味等動作，之後就是等待時間來加深美味的程度。

沒錯，那種感覺就像是在養育孩子一樣。

隨著時代進步，料理工具愈來愈方便，做菜也變得簡單許多，

我珍藏著母親留下來的食譜筆記。

裡頭的內容，如果有符合大家需求的食譜，我會感到非常高興。

那怕只有一點點的幫助，

也希望讓每個家庭專屬的「我家的味道」能夠一直延續下去，讓家人的臉上盡是滿滿的笑容。

黑田民子

CONTENTS

產地直課　無添加物

1 手作的
才安心・安全

市售的保存食，很多都有添加物在裡頭，為了延長保存時間，總是加入大量的鹽和糖。自家製的話，可以依個人喜好挑選當地的食材和無農藥的蔬菜等，也可以決定自己想要加入的調味料，無添加物也讓家人吃得更安心。

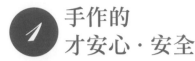

連奶油也手作！

2 自家製
經濟實惠又環保

正因為「當季蔬菜盛產」，這種時候更是該輪到保存食出場了。還沒有馬上要食用的部分，趁著最新鮮的狀態，將它加工保存起來，這樣就不會有過多丟棄的問題，既美味又不浪費。價格較高的食品也自己手作的話，花費會比較低，節省了不少家庭的開銷，也對保護地球盡一份心力。

製成蔬菜乾
鎖住營養和鮮味！

3 營養滿分且
有益身體健康

使用當季盛產的蔬菜和水果製作的保存食，可以將一年到頭最豐富的營養成分全都緊緊鎖在裡面。例如：日照曝曬的蔬菜乾（p.22），含有滿滿的維他命D。另外，糠漬（p.36）等發酵食品具有提昇免疫力、整腸作用、美白保濕等效果，在製作的過程中，能夠最大限度地增進對健康美容有益成分的攝取。

現今的日本，24小時隨時都能買得到東西，在這樣便利的時代，還願意花時間和精神自己動手製作料理，某個層面來說，也許是非常奢侈的事情。保存食和自家製食品，比起市售品有更多的好處，沒有輸的理由。

4 可以依個人喜好調味

鹽分可適當調整

可以控制糖和鹽的分量，對於家中有小孩的家庭，可以節省辛香料的使用，還可以依個人喜好做調整，這就是自家製的好處。這本食譜裡的鹽分和糖分都有適度減量，所以像是如果「覺得果醬要再甜一點更好吃」的話，請依個人喜好的口味調整糖分。

5 感受四季的變化，享受等待的樂趣

每年都有新滋味

使用當季食材製作料理，可以品嚐四季不同的風味。準備保存食，需要細心的作業，但準備完成後，就只要不時查看一下裡頭的變化就OK了。不用繃緊神經也不需費力，食材自然而然的就會慢慢地入味，等待時間的樂趣也是用金錢買不到的。

6 製作一次，就能每天輕鬆上菜

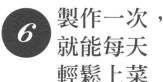

將「鹽漬豬肉」（p.26）和「鹽漬檸檬鮭魚」（p.82）等做成常備菜放入冰箱冷藏保存，非常方便。不論再怎麼忙碌，都能快速配製成一道料理。另外，像「鹽漬檸檬」（p.134）這樣的醬汁或調味料，先製作起來存放，既輕鬆簡單，又可以提昇食物的風味。

7 緊急情況時可儲備應變

沒辦法購物時，也可以很安心

當有災害或緊急情況發生而不能去採買食物時，也可以很安心！市售的儲備糧食，常有維他命、礦物質、膳食纖維不足的情況，在這個時候，有了蔬菜和水果的保存食，就是最珍貴的寶物。此外，在面對極大的壓力下，「好吃的食物」，或多或少會有一些撫慰人心的作用。

做成沙拉料理

鹽漬檸檬鮭魚

8 作為「伴手禮」，也相當受歡迎

參加聚會或送東西慰勞時，帶著具代表性的季節食物「艾草麻糬」（p.56），和聚會上常出現的小菜「醋漬彩蔬」（p.20）等前往，對方一定會相當高興。再加個包裝，就能化身成精美的伴手禮。有關包裝巧思在專欄②（p.88）有詳細介紹。

竹篩

使用於製作蔬菜乾、或是夏季土用曬梅子時，因為是平面的，所以食材排放一起也不會有堆疊的問題。因為是竹製材質，側邊周圍彈性佳，但很容易發霉，使用後請務必要晾乾。

使用例　蔬菜乾（p.22）、
醃梅子（p.45）

餐廚網籃

製作魚乾或蔬菜乾時所使用的網籃，網眼設計，所以裡頭的食物不會被風吹走或沾附到灰塵髒汙，還可以防止被貓或蟲鳥偷吃。小型的網籃在百元商店也購買得到。

使用例　竹莢魚一夜干（p.52）、
味酥秋刀魚乾（p.61）

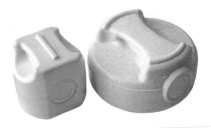

重石

使用於加壓食材，能將重量平均施加到食材上，也有設計成壓蓋的樣式，相當方便。重石的重量有1.5～20kg可供選擇，本書是採用1kg（味噌）和2kg（醃梅子）的重石。

使用例　醃梅子（p.45）、味噌（p.90）

食品用吸水透明膜

用來吸收魚、肉類的水分和腥臭味。提前準備好，要嘗試燻製食品時，就會比較輕鬆，只要用吸水透明膜把食材包覆後放入冰箱，就能輕易地將水分脫乾，這樣一來，鹽的使用量也能減到最少，對身體也比較健康。

使用例　鹽漬豬肉（p.26）、
鹽漬烏賊（p.64）
義大利培根（p.96）等

如果沒有重石的話……

可以用紅酒瓶等有重量的東西，或是找500ml的空瓶裝水進來取代重石，此方式可以決定想要多重就裝入多少水。

製作保存食的工具

沒有特別的工具，也可以開始製作保存食，但我想介紹其中一些常會使用又方便的工具。使用這些工具，製作起來會更加地順暢。人們總是等到終於要開始動手製作時，才因為「沒有這個、又少了那個」而著急，也就無法做出好吃的保存食。那接下來我們就開始準備吧。

布巾、紗布巾

例如、製作柳橙果醬要擠壓柳橙皮時，不用擔心會弄破，還有在製作味噌醃漬物時，夾一張布巾或紗布巾，就可以做出漂亮的味噌醃床，在一些藥妝店裡購買得到。

`使用例` 柳橙果醬（p.18）、味噌醃漬雞肉、味噌醃漬水煮蛋（p.30）、竹簍豆腐（p.94）等

廚房紙巾

可以快速擦掉食品多餘的水分，既乾淨又方便，多了這道程序，會讓保存食更加美味，可說是不可或缺之物，也有加厚款的紙巾，能充分地吸收水氣，相當好用。

`使用例` 油漬沙丁魚（p.54）、鹽漬檸檬鮭魚（p.82）

燻製用的深底炒菜鍋

提到燻製時，一般總是認為需要很多工具，但只要家裡有約深7cm、附蓋的炒菜鍋，就可以製作了。燻製所產生的味道易附著在鍋內，所以建議用鋁箔紙將鍋子包覆後再使用。

`使用例` 培根（p.98）、煙燻鮭魚（p.100）

溫度計

水煮火腿或香腸時，要長時間維持一樣的沸騰溫度，不是件容易的事。還有像是製作奶油麵包捲（p.112）要使用到的溫水等情況，溫度計意外的還蠻常有用到的機會，所以準備一支會比較方便。

`使用例` 油漬沙丁魚（p.54）、水煮里肌火腿肉（p.78）、香腸（p.80）

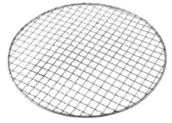

烤網

和炒菜鍋一組，使用於燻製料理，放置食材的烤網，最好可以和炒菜鍋的直徑相吻合，如果直徑小於鍋子時，將鋁箔紙捲一捲墊在烤網底下，提高烤網的高度。

`使用例` 培根（p.98）、煙燻鮭魚（p.100）

料理夾

使用料理夾取出煙燻後的食材，才不會導致食材破損，也能牢牢夾緊煮沸消毒中的保存容器，以便取出。請選擇大小適中、有一定長度的料理夾。

`使用例` 容器煮沸消毒（p.14）、培根（p.98）、煙燻鮭魚（p.100）等

晃動也不怕的
大玻璃密封瓶

味道不容易附著、高耐酸的玻璃製密封瓶,有以螺旋轉蓋密封等多種樣式,但如果要裝入「梅子糖漿」(p.44)、「韓式泡菜」(p.62)、「德國酸菜」(p.67)、「鹽漬檸檬」(p.134)等需要透過上下搖晃才能達到熟成的食物時,最好選擇容量500ml以上,特別是要有可以防止汁液外漏的墊圈設計、以及有扣環的樣式。

有墊圈設計,
不擔心外漏

分裝保存方便的
小玻璃密封瓶

打開容器後,最好儘早使用完畢,像「柳橙果醬」(p.18)、「果醬類」(p.42)、醬汁類等,最好是選擇使用小玻璃密封瓶保存。小瓶子方便分裝做好的果醬或醬汁,所以手邊準備幾個,一定會用得到。市售的空瓶可以煮沸消毒重覆使用,相當方便。

適合裝果醬等

令人想擁有的
造型玻璃密封瓶

只要密封性佳,有造型設計的瓶子也OK,但如果瓶蓋是鋁製的話,裝入醋漬或鹽漬等酸性食物時,要注意容易生鏽的問題。遇到這種情況時,只要在瓶口先覆蓋一層保鮮膜隔離後,再栓上瓶蓋即可。

既可愛又適合「伴手禮」的
飲料空瓶・回收空盒

將在國外發現具有設計感的飲料空瓶、或是裝優格的回收空盒等,用來作為保存容器也相當漂亮。要將手作食品當作禮物送給某人時,如果是裝在回收的容器裡,對方就不用特地歸還容器,彼此都輕鬆。

推薦的保存容器

對於保存食來說,保存容器是不可或缺的工具。除了有各種尺寸之外,還有玻璃、塑膠、陶器、琺瑯等不同的材質。最重要的是,須具備有良好的密封性,接著就是配合欲裝入的食物和數量多寡,來挑選一個合適的容器吧。

自家製食物的保存上，
可靈活運用的 **琺瑯容器**

琺瑯容器，是最適合用來保存「鹽漬豬肉」（p.26）或味噌醃漬雞肉、味噌醃漬水煮蛋（p.30）等常備菜。像量少的「糠漬」（p.36），選擇具有深度的樣式，就能靈活地作為醃漬用容器來運用，只是琺瑯材質，要注意容易有刮傷的問題。

**每個尺寸
都想擁有**

**可以直接
端上桌**

不易透光的
陶製容器

其特性是不會透光、容器內溫度不易變化，建議使用於須事先冷藏保存的「醃梅子」（p.45）等常備漬物。尺寸較小的容器，可以用來裝「醬漬昆布」（p.85）、「醬漬昆布絲小魚乾」（p.86），容器可以直接端上桌立即享用。

**用完就丟
方便衛生**

可以節省收納空間的
密封夾鏈袋

沒有像容器般的重量，很適合冷藏保存用，像「即席醃漬」（p.84）、或「利用密封袋快速製作味噌」（p.93），就是利用夾鏈袋裝入食材，從袋子上方用手搓揉、或用擀麵棍敲打的方式製作而成。因有夾鏈設計，所以開合方便，有冷藏用和冷凍用之分，冷凍用的材質更堅固耐用。

長時間熟成漬物愛用的
果實酒用密封瓶

大容量、寬口設計，用來裝「梅酒」（p.43）、「梅子糖漿」（p.44）、利口酒類等，都非常好用。有耐用的玻璃製和輕量的塑膠製可供選擇，但因為塑膠製無法煮沸消毒，所以須使用酒精消毒。

準備一展身手的
陶製甕

使用於製作「醃梅子」（p.45）、「味噌」（p.90），甕雖然重量不輕，但具耐酸、耐鹼、防水以及不透光的優點，第一次製作保存食的讀者，不需要立刻就準備，等到技術純熟後再嘗試挑戰也不遲。

要延長保存食的賞味期限，必須準備新鮮的食材，以及巧妙地運用調味料。自己親手挑選調味料，既安全又放心。鹽、砂糖、醬油等調味料，具有延長食材保存時間的效用。不同的調味料，各有不同的保存密技，這些在第 1 章內有詳細介紹。

{ 砂糖 } 依不同的精製度及作法，分成很多種類。製作材料含有水果的保存食，須採用精製度較高的細砂糖或冰糖調配，菜餚類使用上白糖等一般的砂糖即可，依個人喜好使用三溫糖、紅糖也OK。

細砂糖
質感細緻滑順，且口感清爽，最適合使用於點心或果醬。

上白糖
細顆粒、易溶解於水，任何料理都適合。

冰糖
需要時間慢慢溶解，所以適合利口酒製作，能呈現出晶透感。

胡椒粒
加熱後香氣提昇，汁液不會混濁，適合使用於醋漬彩蔬料理。

迷迭香
帶有一股清爽香氣，常被用在魚、肉類料理，可蓋過腥臭味。

月桂葉
不僅可以去除食材的腥臭味，還可以增添醃汁等的風味。

韓國辣椒粉
製作泡菜等必備，不只有辣味，還帶有甜味和鮮味。

紅辣椒
別名「鷹爪辣椒」，味道香辣濃烈，有助於料理提味。

{ 辛香料&香草 } 各司其職分擔香氣、色澤、風味、去腥等不同的功用。添加2種以上效果加乘，但如果添加過頭，會蓋過食物本身的味道，請依料理所需適當地增減用量。

{ 醋 }

有很多種類，本書所採用的是一般的米醋或穀物醋。醋，除了有殺菌、防腐的效用之外，一般也被認為具有恢復疲勞及減肥的效果，使用於醋漬彩蔬或甜醋漬物等製作上，令人每天都想嚐上一口。

{ 鹽 }

鹽可以將食材的水分排出，也有延長食材保存時間的效用，食材也就較不容易腐壞發霉。醃漬物及加工肉品等保存食，適合使用粗鹽，和精鹽相比顆粒較粗、質地較濕潤，所以很快就能滲入到食材裡。

{ 味噌 }

使用於製作味噌漬物時，有延長食材保存時間的效用。種類豐富，依不同的熟成期，有「紅味噌」、「白味噌」等之分，依不同的原料，還能分作「豆麴」、「米麴」、「麥麴」等種類，可依個人喜好自行選擇。

{ 醬油 }

作為保存材料之一，使用於醬油醃漬或醬滷等常備菜。種類有顏色淺、鹽分濃度高的淡口醬油、鹹度和鮮味適中的濃口醬油、和顏色深、味道濃郁、有黏稠感的「大豆醬油」等。本書採用的是濃口醬油。

{ 麴 }

製作味噌不可欠缺的麴，最近流行的鹽麴、醬油麴，在超市也購買得到。一般常見的是用米作成的米麴，有分生米麴和乾燥米麴，生米麴沒使用完的話，可以冷凍保存。

{ 油 }

油拿來醃漬沙丁魚、菇類、半日曬蕃茄乾、大蒜、起司等，立即化身為西式風味的保存食。油的種類，使用橄欖油最佳。醃漬後的油拿來炒菜，可以提昇料理的香氣和鮮味。

{ 蒸餾燒酒 }[※]

製作利口酒的必備之物就是蒸餾燒酒。無色透明的蒸餾酒，選用酒精濃度35度以上的最佳。因為酒精濃度高，有助於加快熟成以及萃取果實精華的速度。也可以用威士忌、白蘭地、伏特加、蘭姆酒取代之。

※原文為「ホワイトリカー」，使用製糖剩餘的廢糖蜜發酵、經連續式蒸餾器蒸餾得到的乙醇加水製作而成。

煮沸消毒

選擇可一次容納玻璃瓶、瓶蓋、墊圈、湯匙等大容量的鍋子進行消毒。

1 將要消毒的器具放入大鍋內,加水至淹過器具為止,為防止玻璃瓶翻轉,可以事先在鍋內底部鋪上布巾。

2 沸騰後轉至中強火,墊圈約煮3分鐘、其它器具約煮10分鐘之後,用料理夾取出。

3 鋪好一張乾淨的乾布,將瓶蓋和倒放的玻璃瓶一起置於乾布上。果醬及醬汁類,在瓶子還是溫熱狀態時裝入的話,會更加耐於保存。

長時間保存的注意事項

好不容易製作完成的保存食,如果滋生雜菌導致腐壞,就必須丟棄而造成浪費。為了可以長時間保存,最重要的就是使用乾淨的容器和工具。雖然要花多一點時間,但還是必須以煮沸的方式或酒精來進行殺菌。還有別忘了脫氣法,它能將空氣有效排出,以提高保存效力。

脫氣法

要保存6個月以上時,將已裝入
內容物的玻璃瓶再次進行煮沸,
可以將空氣徹底排出,保存效力再提昇。

酒精消毒

無法放入鍋內或不適用
熱水煮沸的塑膠製器具等,
就用酒精進行消毒。

1 瓶子的瓶蓋不要完全栓緊,將瓶子放入鍋內,加水至瓶肩處,約煮沸20分鐘。

2 用料理夾將瓶子取出後,栓緊瓶蓋,倒放在乾布上,等待冷卻。空氣被排出後,瓶蓋的中央會凹陷進去。

使用食品級消毒酒精或是酒精濃度35度以上的蒸餾燒酒等進行消毒。如果是窄口的瓶子,可以倒一些酒精至瓶內,一邊搖晃讓酒精遍及瓶內各處。容量大的容器,可以用噴霧器噴入酒精,或是用廚房紙巾沾酒精擦拭容器內部。

擔心味道會附著在容器內

像味道重的蕗蕎漬物等,建議使用玻璃製的容器,味道較不容易附著。如果味道還是揮散不去,可以用酒精消毒,或是調製濃醋水(水1ℓ:醋100ml),倒入容器內放置一天後,再洗淨瀝乾即可。

保存場所

依不同的料理,保存場所也會有所不同,須長時間保存的味噌等,要放在陽光照射不到的陰涼處和通風的地方。保存食和人一樣,喜歡待在舒適的空間,避免悶熱和潮濕的地方。

保存期限

本書內多道食譜所使用的鹽和糖都有減量,所以大致的保存期限也縮短了一些,請儘早食用完畢。如果期間覺得食物好像有變質,請當機立斷丟棄處理。

註明內容物和日期

製作完成後,放入容器內,並在標籤紙寫上日期,貼在容器瓶身。這樣不用打開瓶蓋,就能知道裡面是什麼,還能看到日期,判斷何時該吃完。建議選擇可撕式的標籤紙黏貼。

德國酸菜

德國料理中不可缺少的一道菜，
是以鹽漬高麗菜所製成。
溫和的酸味最適合搭配肉類料理。

鹽漬

冷藏保存
2 週

作法

① 將高麗菜切成寬約5mm的細絲，用水沖洗一下並充分瀝乾水分。

② 將 1、鹽、葛縷子、月桂葉、紅辣椒，放入到已煮沸消毒的保存容器內，之後將水倒入。

③ 蓋上瓶蓋，上下搖晃混合食材，放入冰箱冷藏保存，不時上下來回搖晃瓶身，經4～5日天軟化後即可享用。

材料【方便製作的分量】

高麗菜 — ¼個（250克）
鹽 — 1小匙
葛縷子 — ¼小匙
月桂葉 — 1片
紅辣椒（切小段）— ½支
水 — 50ml

工具　保存容器

除了搭配香腸等肉類料理之外，還推薦配上烤焙根、粗粒黃芥末醬口味的三明治。

【料理小知識】

【高麗菜】冬天的高麗菜，葉子包覆得較緊實、質地較硬，咬在嘴裡能享受到卡滋卡滋脆脆的口感。放入密閉容器，可以冷藏保存。食用的時候經常會有湯汁滿溢的狀況。明明沒有放入醋，因為發酵的關係，會有柔和的酸味滲入其中。

67

**用什麼方法可以長時間保存
一目瞭然**

列舉出10種保存食的製作方法，這些方法都是保存食的入門基本，以最容易理解的方式表示，其中也有幾項食品是採用二種以上方法所製作的。

- 糖漬　　　・味噌醃漬
- 醋漬　　　・油漬
- 日曬　　　・酒漬
- 鹽漬　　　・烘烤
- 醬油醃漬　・糠漬

以圖標表示保存場所、保存期限

以圖標表示，不用去確認食品內容也能馬上知道。保存期限只是一個大致基準，會因為季節、環境等條件的不同而有所差異，所以請注意食品的變化狀況，儘早食用完畢。

陰涼處保存
1 年

常溫保存
1 天

冷藏保存
2 週

冷凍保存
1 個月

4種圖標
組合

**烹調重點
照片解說**

附照片解說烹調步驟，簡單易明瞭。「重點預先告知」的技巧提示是利用對話框來簡單說明。

**推薦食用方式
介紹搭配技巧**

完成的保存食和自家製的料理，要怎麼吃、要怎麼搭配才好？在一部分的食譜裡有介紹說明，增加料理的多樣性變化。

**詳細解說
食材和保存技巧**

補充食譜裡沒描述完的料理重點，並解說當季食材的小知識、保存方法等，滿足大家「想了解更多」的求知慾。

特別記載必備器具

特別舉出一般家庭裡不常出現、但製作上必備的容器或工具，在製作時就不用因為「缺這個少那個」而感到慌張。

技巧提示
以對話框強調

Tip!

關於烹調

● 在各個材料項目裡，有註明像「完成分量約200g」「2人份」等料理的分量表示，請大致參照使用。
● 計量單位的方式是，1小匙＝5ml、1大匙＝15ml、1杯＝200ml。
● 蔬菜，如果沒有特別註明，都是從完成沖洗、剝皮等作業後的程序開始說明。水果，若是帶皮一起料理時，建議選用無農藥、無上蠟的食材。
● 爐火強度，如果沒有特別註明，皆為中火表示。
● 微波爐的加熱時間是使用600W的情況，如果是500W時，時間就延長1.2倍。烤箱的加熱時間是使用1000W的大致標準，依不同的機種，加熱時間會有些許差異，請依實際狀況，自行斟酌調整。

第1章

學起來一輩子受用、
保存食的基礎入門

保存密技10招

糖漬　醋漬　日曬　鹽漬　醬油醃漬

味噌醃漬　油漬　酒漬　烘烤　糠漬

將參透保存食真理的10種招數，各個套用在料理食譜裡介紹說明。只要把這10招學起來，就能隨心所欲地依照自家風味搭配各種食材，輕鬆地烹調出一道道美味的保存食。

柳橙果醬

酸甜中帶點微苦澀，美味無法擋

冷藏保存
2~3個月

保存密技第1招

糖漬

砂糖的功用不是只有賦予甜味，
還能留住食材水分，提高保存效力。
當季水果和砂糖的組合，
用來製作果醬或糖漬水果，格外美味。

料理小知識

放入保存容器後冷藏，可長時間保存，因此保存容器請徹底煮沸消毒（p.14）。

4 布巾包的熱度減退後，在鍋子的上方用手擠壓（內膜和柳橙籽產出很多果膠的關係，湯汁變得黏稠）。

> Tip! 因產出果膠湯汁變黏稠。

5 將細砂糖倒入到鍋內，一邊用木鏟翻攪一邊熬煮約20分鐘，中途有浮沫就撈出。持續翻攪並轉至小火約熬煮15分鐘後關火。趁熱時倒入已煮沸消毒的保存容器內。

清爽自然甘甜的風味，最適合早餐食用。推薦和肉類料理搭配，像是加入豬肋排或雞肉一起熬煮，或是抹在肉片上烘烤。

材料【完成分量約600g】
柳橙 —— 2大顆（500g）
細砂糖 —— 400g
水 —— 1250ml

工具
布巾（p.9）約30cm
保存容器

作法

1 柳橙整顆連皮，用溫水充分洗淨後，將水分擦乾，將柳橙切對半並擠出果汁。剝下果皮，盡可能留住內皮白色的纖維，將果皮切成約寬3mm的細條，將擠完果汁的內膜和柳橙籽，包入布巾內綁好。

2 將果汁和果皮、布巾包、水放入鍋內，開大火，等到沸騰後轉至中火，一邊撈出浮沫，約熬煮2小時直到湯汁濃縮至1/2的量為止。

3 等到果皮軟化至用手指一戳即破的程度，就可以將布巾包取出。

冷藏保存
約 **1** 個月

保存密技第2招
醋漬

醋具有殺菌、防腐的作用，
而且可以保護食材不受到損壞，
所以從以前就經常被用來製作保存食，
菜餚裡加入醋，清爽的酸味
有助於促進食慾。

材料【完成分量約200g】
喜愛的蔬菜（小黃瓜、紅蘿蔔、
　　芹菜、白蘿蔔等）⋯⋯ 200g
Ⓐ 醋、白酒⋯⋯ 各100ml
　砂糖⋯⋯ 1大匙
　鹽⋯⋯ 1小匙
　水⋯⋯ 200ml
Ⓑ 紅辣椒（去籽）⋯⋯ 1根
　月桂葉⋯⋯ 1片
　黑胡椒粒⋯⋯ 約10粒
　丁香⋯⋯ 5支

用咖哩粉調出黃色
帶便當也適合

醋漬鵪鶉蛋

冷藏保存
1~2週

材料【10顆鵪鶉蛋的分量】
鵪鶉蛋⋯⋯ 10顆
Ⓐ 咖哩粉、鹽⋯⋯ 各½小匙
　醋⋯⋯ 2大匙
　水⋯⋯ 60ml
　黑胡椒粒⋯⋯ 5顆

工具 保存容器

作法

1 將鵪鶉蛋放入鍋內，加水淹過鵪鶉蛋後
開火，約煮5分鐘，剝殼後放入已煮沸消
毒的保存容器內。

2 將Ⓐ倒入鍋內並開火，用打蛋器攪拌混
合，稍微煮滾一下就關火。

3 趁熱時將**2**倒入**1**，等到醋汁冷卻後，蓋
上蓋子，放入冰箱冷藏醃漬約1～2天，
等到鵪鶉蛋被染成黃色後即完成。

作法

1 將蔬菜配合容器高度等長切齊，為
了能夠充分醃漬，全部切成約1cm
寬的條狀後，放入已煮沸消毒的保存容器
內。

2 將Ⓐ倒入鍋內並開火，稍微煮滾一
下，等到砂糖融化、酒精揮發就關
火，趁熱時倒進**1**內。

3 加入Ⓑ辛香料類的材料，等到醋汁
冷卻後，蓋上蓋子，放入冰箱冷藏
醃漬約1～2天，等到味道與蔬菜融合即完
成。

> **料理小知識**
> 請選擇耐酸、耐熱性高的容器，如果要使用不耐熱的容器，為
> 了防止容器產生破裂，請事先將容器浸泡在熱水裡，溫熱容器
> 後再使用。

蔬菜乾

全日曬
常溫保存
1 個月

半日曬
冷藏保存
1 週

保存密技第**3**招
日曬

晴天時，擺放在庭院或窗邊，
只要放著接受陽光的洗禮，就能脫去
水分充分乾燥，所以可以長時間保存不易腐壞，
食材的鮮甜味也更加充沛飽滿。

材料和作法

1 為了在日曬時，能充分地將水分排出，蔬菜的大小和厚度要切得一致。蔬菜的外皮也富含營養，所以最好能連皮一起製作。

菇類

香菇或蘑菇維持整株狀態，鴻禧菇或舞菇則切除根部、掰成小朵。加到湯裡，立即變身為高級湯品。

南瓜

帶皮的南瓜有點厚度，怕會不容易乾燥，所以直接帶皮切成寬5mm的月牙形。南瓜用來炒菜、燉菜，或煮味噌湯，美味加分。

青椒·彩椒

縱向切對半，去蒂去籽，再縱向切成寬2cm的條狀，作為點綴熱炒類的菜色很方便，想要橫切、細切、輪切等都可以。

苦瓜

依個人喜好的厚度切成輪狀，去籽去膜，切成半月形也很方便製作，輪狀的可作成炸苦瓜圈，半月形的可作成苦瓜什錦炒等。

白蘿蔔

切成輪狀用來製作火上鍋（法式蔬菜燉肉），或是用來煸炒。如果是切成細條製成「蘿蔔絲乾」，可以用來燉煮、拌沙拉、製作涼拌菜等，料理作法變化多。

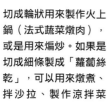

蓮藕

連皮洗淨，依想要的厚度切成輪狀，或是滾刀切小塊，輪狀的拿來炸或製作天婦羅，塊狀的適合拿來燉煮。

綠蘆筍

切掉根部，再切成3～4cm的條狀，和肉或蛋等一起炒，或是用來包培根捲等，都相當適合。還可以作為湯品的裝飾，是個隨手就能利用、很方便的食材。

2 將蔬菜排放在竹篩上，注意勿重疊，排放好後就擺放至庭院前、陽台上或日照佳的窗邊，一邊日曬一邊不時上下翻動。日照半天稱為「半日曬」，只要再多曬個2～3天，就能變成完全乾燥的「全日曬」了。

Tip! 蔬菜的皮營養價值高，所以希望帶皮一起日曬。水氣殘留是發霉的主因，所以日曬之前，請用廚房紙巾等，將切口處的水分充分擦乾。

〈全日曬〉

保存方法

完全乾燥的「全日曬」食材，和乾燥劑一起放進保存瓶等，可以長時間保存，常溫下可以保存一個月。

「半日曬」則為了預防發霉，最好是放入密封夾鏈袋，並盡可能將夾鏈袋內的空氣完全擠出，放入冰箱冷藏，保存期限是1週。

「半日曬」和「全日曬」的不同

和經過數天日照乾燥的「全日曬」不一樣，「半日曬」只有日照半天的時間，它的優點是乾燥食材不用再泡水還原，直接烹調即可。半日曬的乾燥食材會帶有一些水分，有水分的部分就容易發霉，所以建議要烹調多少量就製作多少量就好，並儘早食用完畢。

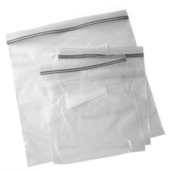

無論是全日曬或半日曬的乾燥食材，使用密封夾鏈袋（p.11）保存，都能維持住食材的狀態。

小包乾燥劑可以預防發霉，在製作點心材料的商店等購買得到。

<半日曬蕃茄乾的前置作業>

小蕃茄的水分很多，切對半去籽之後，將水分充分擦乾，一邊日曬一邊不時上下翻動。

其他、還可以這樣搭配

●「蔬菜咖哩」…將南瓜乾、苦瓜乾、蓮藕乾等直接加進去燉煮，咖哩美味更升級。

●「西式烘蛋」…將半日曬的小蕃茄、全日曬的綠蘆筍（泡水還原）下鍋翻炒，再打顆散蛋入鍋立即完成，完全不需使用到菜刀。

●「義式水煮魚」…加入半日曬的小蕃茄、全日曬的蘑菇等，和白肉魚一起煮，味道會更加濃郁。

●「七彩沙拉」…將半日曬的小蕃茄、全日曬的彩椒（泡水還原），拌入義大利油醋醬，用來搭配裝飾蔬菜沙拉。

烹調前的必行功課
～讓食材還原～

半日曬的乾燥食材，只要沖一下水洗去灰塵或髒污，就可以使用了。而全日曬的乾燥食材要經過泡水，使蔬菜乾軟化、回到原本的狀態後，才能使用。

材料【2人份】

蘿蔔乾、綠蘆荀乾、
　香菇乾 ⋯⋯ 各50克
高湯 ⋯⋯ 2杯
味噌 ⋯⋯ 1½～2大匙

作法

1 蘿蔔乾切成半月形，香菇乾切成四等分。

2 將高湯、綠蘆荀乾、**1** 放入鍋內開火，蔬菜煮熟後加入味噌。

※將高湯換成「鹽漬豬肉」（p.26）的湯頭，味道會更加濃郁。

搭配菜色1

蔬菜乾味噌湯

蔬菜的美味一點一滴融入到湯裡

材料【2人份】

喜愛的蔬菜乾（南瓜、苦瓜、
　蓮藕等，半日曬最佳） 適量
鹽、炸油 ⋯⋯ 各適量

作法

1 鍋內炸油預熱170度，蔬菜乾不裹粉直接入油鍋，入鍋時避免重疊，並注意切成薄片的蔬菜乾會很容易就焦掉。

2 瀝乾油分，趁熱時撒上鹽巴。

搭配菜色2

綜合蔬菜乾

營養滿分的手作點心

鹽漬豬肉

冷藏保存
1週

鹽漬

鹽具有防止腐敗、脫水、避免氧化的功能，
是保存食裡不可欠缺之物。
從以前就流傳的鹽漬法，不僅可以長時間
保存食材，更能有效提引出食材的美味。

4 將整塊豬肉緊密包覆在吸水透明膜裡，注意不要讓空氣進入，冷藏靜置1週左右，途中如果透明膜吸滿水分時，請更換吸水透明膜。

Tip! 水分脫去，等待熟成。

5 經過1週後，大致上水分都已被排出，肉塊會變得緊縮，尺寸小了一圈以上。

6 將 **5**、大量水、蔥、薑放入鍋內並開火，煮滾後轉小火，大約煮1小時左右。鍋內的湯汁乃是吸取了鹽漬五花肉的鮮味和鹽味而成，這些湯汁可用來製作豬肉味噌湯或作為拉麵的湯頭。

Tip! 活用湯汁變成各種湯頭。

> **料理小知識**
> 肉塊直接用保鮮膜包覆，冷藏可保存1週。湯汁放入保存容器內，冷藏可保存3～4天，冷凍則可保存1個月。

材料【方便製作的分量】
整塊豬五花肉 ── 500g左右1塊
粗鹽 ── 2大匙
月桂葉 ── 2片
迷迭香 ── 1株
青蔥蔥綠部分 ── 1根的量
薑片 ── 1片

工具
食品用吸水透明膜（p.8）

作法

1 用料理錐子、竹籤或叉子等將豬肉表面全體進行插刺。

2 將鹽均勻塗抹在整面豬肉上，用手輕按使鹽滲入到肉裡。

3 將吸水透明膜裁切成長30cm，將 **2** 置於吸水膜上，月桂葉和迷迭香用手指捏碎撒在豬肉上面。

材料【2人份】
鹽漬豬肉（切成8mm的薄片）—— 6片
熬煮豬肉的湯汁 —— 600ml
中華麵生麵條 —— 2團
蔥（切細段）—— 適量
鹽、粗粒黑胡椒 —— 各少許

作法

1 湯汁放入鍋內並開火，沸騰後關火，加鹽調味。

2 用另一個鍋子煮水沸騰，麵條依照袋裝說明煮熟後，用濾網撈起，瀝乾多餘水分後，放入碗內。

3 趁熱時，將 **1** 倒入 **2**，再鋪上鹽漬豬肉片、蔥花，最後撒上胡椒。

搭配菜色2

鹽漬豬肉和熬煮的湯汁結合使用

鹽漬豬肉麵

鹽漬豬肉，還可以這樣搭配
沙拉、炒飯、熱炒類、火上鍋
（法式蔬菜燉肉）、各種湯類等。

材料【2人份】
鹽漬豬肉
（切成厚8mm的薄片）—— 4片
法式長棍麵包
（切成厚1cm的片狀）—— 4片
皺葉萵苣 —— 2片
粗粒黃芥末醬、奶油 —— 各適量

作法

1 將萵苣撕成和麵包片相當的大小。

2 麵包塗上奶油，在2片麵包各自鋪上萵苣、2片鹽漬豬肉、粗粒黃芥末醬，再合上其餘的2片麵包即完成。

※依個人喜好夾入切片的紅洋蔥等也很美味。

搭配菜色1

鮮嫩的鹽漬豬肉和麵包類超搭

鹽漬豬肉三明治

醬油醃漬

醬油含有乳酸菌和適當的鹽分，因此能發揮超強的殺菌力，也有除臭的效用，所以使用在魚類上也非常適合。醬油很常被用來醃漬小黃瓜、大蒜、青辣椒、水煮蛋、蔬菜乾等常備菜。

作法

1 將小黃瓜抹上鹽並搓揉，形狀細條的保持原狀，粗條的先縱向切對半後，再切成長3cm的段狀，用水沖一下瀝乾水分後，放入乾淨的密封容器內。

2 將 **Ⓐ** 的材料放入鍋內開火，煮滾一下關火，倒入 **1** 內，加入青紫蘇、紅辣椒、白芝麻，用乾淨的湯匙攪拌，待降溫後蓋上蓋子放至陰涼處。

材料【方便製作的分量】
小黃瓜 —— 2條
青紫蘇（切細絲）—— 5片的量
紅辣椒（切小段）—— 1根的量
烘培白芝麻 —— 1大匙
鹽 —— 1小匙
Ⓐ 醬油、水 —— 各50ml
　味醂 —— 3大匙
　酒、醋 —— 各1大匙

甜中帶辣非常下飯

醬油醃漬小黃瓜

冷藏保存 4~5天

其他、還可以這樣搭配
醬油醃漬小黃瓜還可以當作麵線的配菜，以及搭配白飯和海苔片的「河童捲」，也非常好吃。醃漬較久時間的小黃瓜可以切成碎塊用來炒飯。

Tip! 剩下的醃汁可以作為香氣十足又美味的調味料

醃汁裡除了醬油之外，還有醋、味醂、香甜的蔬菜，丟掉的話很可惜，可作為香氣十足又美味的調味料，運用在調醬汁、熱炒、煮魚等。

味噌醃漬水煮蛋

味噌醃漬雞肉

味噌醃漬

味噌具有鹽分和發酵能力，
所以可以預防雜菌繁殖。食材用味噌醃漬的話，
保存效力更好，味噌的鹽味、
甜味成為風味豐富的關鍵。

利用烤箱將雞肉表皮烤至帶點燒焦的痕跡，切成剛好一口的大小，將味噌蛋切對半。味噌十分入味，可以作為小菜或便當配菜。

料理小知識

雞肉醃製時間過長，會使雞肉縮水、肉質變硬，所以醃漬一天後，正是品嚐的最佳時機。味噌蛋則請在4～5天內食用完畢。

味噌醃漬水煮蛋

細緻的味噌香氣和味道擴散開來

材料【方便製作的分量】
水煮蛋 ⋯⋯ 6顆
味噌（此次使用的是八丁味噌）⋯⋯ 400g

工具
紗布巾或布巾（p.9）

冷藏保存 4~5天

作法

1 將味噌1/3的量塗抹在具深度的容器內，鋪上紗布巾，已剝殼的水煮蛋橫放在內，蓋上紗布巾，將剩下的味噌再覆蓋上去，注意不要留有空隙，最後上面再鋪上紗布巾，蓋上蓋子放入冷藏，約醃漬4～5天即可入味。

味噌醃漬雞肉

味噌滲入雞肉內，能品嚐到甘甜味的

材料【方便製作的分量】
雞腿肉 ⋯⋯ 2隻（約400g）
味噌（此次使用的是八丁味噌）⋯⋯ 200g
砂糖 ⋯⋯ 4大匙
味醂 ⋯⋯ 2大匙

工具
紗布巾或布巾（p.9）

冷藏保存 3~4天

作法

1 用料理雞子等將雞肉表面全體進行插刺後，用紗布巾包覆。

2 將味噌、砂糖、味醂混合拌勻至滑順狀態為止（味噌醃床）。

3 將 2 一半的分量鋪到容器內，接著放上 1，最後將剩下的 2 再鋪上重疊，蓋上蓋子放入冷藏，醃漬一晚後正是品嚐的最佳時機（注意若醃漬時間過長，肉質會變硬）。

剩下的味噌醃床⋯ 因為有隔著紗布巾或布巾，味噌不會直接接觸到雞肉和水煮蛋，所以剩下的味噌可以再利用。開火加入蔥絲製作味噌醬，搭配茄子及豆腐做成味噌串燒。還可以加入芝麻製成味噌炒醬。

油漬

油漬、可以杜絕食材與空氣接觸，
防止發霉，雜菌也較不容易侵入，
還能將食材的美味牢牢鎖住。

【搭配菜色】 **在家也能自製西班牙下酒菜！**

西班牙
香蒜蘑菇（Ajillo）

材料【2人份】
大蒜油漬蘑菇 ⋯⋯ 全部的量
鹽、胡椒 ⋯⋯ 各少許

作法

1 準備一個小平底鍋，將大蒜油漬蘑菇連同
橄欖油一起入鍋，用小火慢煮。

2 等到大蒜的香氣出來、蘑菇也加熱完畢，
就撒上鹽巴、胡椒，可搭配麵包沾著吃。

材料【8朵蘑菇的分量】

蘑菇 ⋯⋯ 8大朵	月桂葉 ⋯⋯ 1片
橄欖油 ⋯⋯ 200ml	紅辣椒 ⋯⋯ 1根
大蒜（切細末）	鹽、胡椒 ⋯⋯ 各少許
⋯⋯ 2瓣的量	

作法

1 用廚房紙巾擦去蘑菇表面髒汙，和大蒜、
橄欖油、月桂葉、紅辣椒全部一起放入鍋
內，開中小火約煮20分鐘。

2 用鹽和胡椒進行調味，放入已煮沸消毒的
保存容器內，蓋上蓋子放入冷藏。

※用日曬過的乾燥食材進行醃漬，更可以鎖住鮮味，乾
燥菇類（p.23）或是切成細長狀的茄子乾等，都可以拿
來油漬。

料理小知識

油漬後放入冷藏保存，因為沒有經過加
熱，請4~5天就食用完畢，期間不時查
看一下，確認食材須完全浸泡在油漬
內。

大蒜油漬蘑菇

菇類的鮮味一點一滴滲入，和油融合在一起

冷藏保存
4~5天

酒漬

用酒精濃度高的酒來泡漬當季水果，
耐心等候直到美味呈現的那一刻吧。
加上砂糖的甜，香醇的甜點美味登場。

料理小知識

加在冰淇淋裡，搭配紅酒也
很美味。煮剩下的果汁，還
可以加入檸檬，倒入裝有冰
塊的玻璃瓶裡，就變成好喝
的冷飲。

作法

1 蘋果削皮後，1顆切成4
等分後去芯，將Ⓐ放入
鍋內開火，細砂糖融化後轉小
火，加入蘋果。

2 將檸檬放到蘋果上，接
著加入肉桂棒。

3 蓋上落蓋，小火再熬煮
20分鐘，等到蘋果軟
化、被染成紅色就關火。

Tip! 利用落蓋，可使蘋
果充分染上顏色。

材料【蘋果2顆的分量】

蘋果（可以的話請採用紅玉品種）
　…… 2顆（500g）
檸檬（切薄片）…… ½個
Ⓐ 紅酒（甜口）…… 200ml
　 細砂糖 …… 100g
　 水 …… 300ml
肉桂棒 …… 1支

用芳香醇厚的紅酒慢慢熬煮

蜜糖蘋果

冷藏保存

2 週

等到稍微降溫後放入密閉容器內，
冷藏待冰涼。熱熱的也好吃，但是
冰涼後吃更別有一番風味。

核果雜糧燕麥片（Granola）

常溫保存
1 個月

保存密技第9招
烘烤

和日曬的蔬菜乾一樣，
利用烤箱等烘烤，讓食材變乾燥，
也能延長保存天數。
完成後的核果雜糧燕麥片吃起來有酥脆的口感。

烘烤過的食材可以和乾燥劑一起放入保存瓶或密封容器內,蓋上蓋子保存。

材料【方便製作的分量】

燕麥片 —— 200g
綜合堅果(無鹽)—— 80g
綜合果乾 —— 100g

A 低筋麵粉 —— 3大匙
橄欖油、蜂蜜、砂糖
—— 各3大匙
鹽 —— 1/2小匙

作法

1 將綜合堅果切成粗碎粒,放入調理碗內,再放入燕麥片和 Ⓐ,用湯匙等攪拌均勻混合。

2 烤盤鋪上烘焙紙,將1平鋪在上,烤箱預熱160度後烘烤約40分鐘,過程中查看一下烤箱內食材的狀況。

3 烤至恰到好處、整體都呈現黃褐色時,從烤箱取出冷卻,等到稍微降溫後,用手將綜合果乾捏碎成個人喜好的大小,加到裡面一起混合。

Tip! 未經烘烤的食材最後加入。

搭配菜色

撒在沙拉上面點綴,變成口感酥脆的裝飾物
核果雜糧燕麥片沙拉

材料【2人份】

喜愛的生菜種類
(皺葉萵苣、紅葉萵苣等)—— 6片
洋蔥(切薄片) 1/8個
核果雜糧燕麥片 —— 適量
喜愛的沙拉醬汁 —— 適量

作法

1 萵苣切成方便入口的適當大小,和洋蔥混合,充分瀝乾水分。

2 盛盤,撒上核果雜糧燕麥片,淋上沙拉醬汁。

完全冷卻後倒入保存瓶或密封容器內,可當作優格或冰淇淋的配料,或當成點心、下酒菜直接吃也OK。

糠漬

在稍早時期，不論哪個家庭都備有「糠床」，每天都必須要去翻攪它，這樣一來米糠的營養和乳酸菌的效力才會發揮得更強大，蔬菜的甘甜味也會增加。要不要把它作為「我家的味道」，試著製作看看呢？

精心製作絕佳風味

米糠醬菜

陰涼處保存
1~3 天

作法

1 製作糠床，將水及鹽放入鍋內攪拌混合，稍微煮滾一下後放置冷卻。

2 將米糠放入容器內，將 **1** 慢慢地倒入。

材料【方便製作的分量】
米糠（新鮮食材）⋯⋯ 500g
煮湯用昆布（切成5cm塊狀）⋯⋯ 8g
紅辣椒（去籽）⋯⋯ 3根
水 ⋯⋯ 700ml
鹽 ⋯⋯ 90g
高麗菜外葉（要丟棄的部份拿來利用醃漬）⋯⋯ 適量
小黃瓜、紅蘿蔔、茄子等
　喜愛的蔬菜 ⋯⋯ 適量
※這次是利用要丟棄的高麗菜外葉進行醃漬，像白蘿蔔、紅蘿蔔的菜葉也可以。

工具
有深度的琺瑯容器
或陶製甕（p.11）

5 用手確實地按壓整平糠床表面，捲繞布巾將容器內側擦拭乾淨後，放在陰涼處，1天翻攪2次並更換高麗菜葉，大約1週後，糠床即完成。

6 用糠床醃漬蔬菜，將蔬菜洗淨後，充分擦掉水分，鹽少許（額外的分量）塗抹在蔬菜上，埋入糠床醃漬。為了能讓空氣進入，1天至少2次，夏天要2～3次，從底部翻攪糠床。

3 一直翻攪直到米糠變濕潤為止，將煮湯用昆布、紅辣椒加入 **2**，再繼續攪拌均勻。

4 將要丟棄的高麗菜外葉清洗乾淨，充分擦掉水分，放入到 **3** 裡醃漬。米糠的乳酸菌開始進行發酵作用。

Tip! 利用要丟棄的高麗菜外葉來進行醃漬，更能加速發酵。

料理小知識

為了添加香氣會使用紅辣椒，但如果要用大蒜、花椒籽、酒糟、喝剩下的啤酒等也可以。

最佳的食用時機，夏天是醃漬5～6小時，冬天是14～15小時左右，要食用時，用水沖掉米糠後，擠掉水分，切成適量的大小即可。

糠漬 Q & A

Q 有不適合糠漬的蔬菜嗎？

A 大致上所有的蔬菜都可以，但是像菠菜等水分較多的葉菜類蔬菜，很容易就會軟化，所以比較不適合。生鮮的、硬度夠的蔬菜，有的要汆燙去雜質、有的要用鹽加以搓揉，就請多花一些心力，挑戰用各種蔬菜來進行糠漬吧。

Q 每天要照料的工作？

A 1天2次（早晚），從糠床底下開始翻攪，目的是讓空氣進入，和空氣接觸可預防發霉。要加入蔬菜醃漬時，也請大動作翻攪，翻攪過後，請把表面整平，並捲繞布巾將容器內側擦拭乾淨後，再蓋上蓋子。

Q 糠床漸漸出水時該怎麼辦？

A 蔬菜會釋出水分，所以糠床也會較容易出水，這時可以用廚房紙巾吸一下水分，如果還是一樣有出水的情況時，以米糠1杯對鹽10g的比例，補充到糠床裡，如果糠床有愈來愈少的跡象，也是採用此比例去補足。

Q 可以放冷藏保存嗎？

A 糠漬基本上是以常溫保存，但是、如果氣溫超過30度時，會過度發酵，醃漬的食材會太酸，像這樣的高溫天氣，放冷藏保存反而較好，冷藏保存時，翻攪作業1天1次就足夠了。

Q 長時間不在家時，如何保存？

A 把糠床裡的蔬菜全部取出來，用鹽覆蓋在糠床表面，直到表面看不到糠床為止，並放冷藏保存，或是將糠床移至密封夾鏈袋後冷凍保存也可以。

Q 糠床疑似發霉？

A 在糠床表面覆蓋有一層白色物體，它是酵母菌的一種，通常是因為翻攪不夠或是鹽分不夠時所產生，對人體不會有傷害，但如果還是會擔心的話，重新製作一個新的糠床就沒問題了。

第2章

品嚐當季美味食材、
一整年自家製食譜

享受四季風味 春夏／秋冬

從以前日本人就很重視一路傳承下來的
四季風味，我會踏進保存食領域的契
機，也是因為想重現母親做的梅子糖漿
的味道。一取得當季食材，就想要讓家
人品嚐，如果期盼能找到在其他地方絕
對吃不到的家常菜，而這本食譜能有所
貢獻的話，深感榮幸。

享受四季風味

春夏

從春天到初夏這段期間，
是製作果醬、醃製梅子、
蕗蕎和製作保存食的全盛時期。
抱著只有在這個時期才能入手食材的心情，
細心地製作，
希望一整年都能品嚐到這些美味。

草莓果醬

藍莓果醬

既然是當季盛產的水果，就希望利用水果本身的甜味，減少砂糖的使用，製作出清爽的果醬。

糖漬

冷藏保存 2~3週

草莓果醬

材料【完成分量約600g】
小顆草莓（剔除蒂頭）—— 500g
細砂糖 —— 180g（約草莓重量的30%）
檸檬汁 —— 1顆的量（40ml）

工具　保存容器

作法

1 將草莓洗淨倒入鍋內，撒入細砂糖，約放置30分鐘。

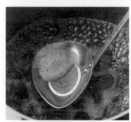

2 待砂糖融化、草莓水分釋出就開火，過程中有浮沫就撈出。

3 約熬煮15分鐘後，加入檸檬汁攪拌混合，湯汁變濃稠就關火。冷卻後草莓會變硬，所以要避免過度熬煮。趁熱倒入已煮沸消毒的保存容器。

Tip! 草莓稍微軟化就關火。

藍莓果醬

材料【方便製作的分量】
藍莓 —— 200g
細砂糖 —— 100g
檸檬汁 —— ½顆的量（20ml）

工具　保存容器

作法

1 將藍莓洗淨稍微瀝乾水分後，倒入鍋內，撒入細砂糖，約放置30分鐘。

2 鍋子放上開火，喜歡較滑潤口感的人，可以用木鏟一邊擠壓鍋內的藍莓。

3 撈出浮沫，沸騰後轉至小火，約熬煮15分鐘，待湯汁變濃稠後加入檸檬汁攪拌混合並關火。趁熱倒入已煮沸消毒的保存容器。

料理小知識

【草莓・藍莓】露天栽培的草莓，盛產季節是在5月、藍莓是在6月，如果再經過脫氣處理（p.15），常溫下可以保存半年左右。開罐後請冷藏。其他的水果也可利用同樣的步驟享受製作果醬的樂趣。

梅酒

享受經年累月、愈陳愈香的好滋味。
等待熟成後享用美味的時刻到來吧。

酒漬

陰涼處保存
1 年～

材料【完成分量約1800ml】
青梅 —— 1kg
冰糖 —— 600g
蒸餾燒酒
（酒精濃度35度以上）—— 1800ml

工具
保存容器

作法

1 將保存容器清洗乾淨，用熱水澆燙一下消毒，放置至自然乾燥。

2 將青梅洗淨，清洗時注意勿使青梅受損，然後將青梅浸泡於水中約2小時左右，挑出受損的青梅，其餘的以乾布擦乾水分，接著用竹籤剔除青梅的蒂頭，並清除凹槽處的髒汙。

3 將 2、冰糖交互倒入保存容器內，接著倒入蒸餾燒酒，放至陰涼處保存約3個月後即完成。

梅酒或是梅子糖漿的製作上，建議是採用未熟成的青梅。另外，受損的青梅會導致液體呈現混濁，所以要另外挑出。

料理小知識

【梅子】青梅大約是在6月上旬左右開始盛產，放著就會自然熟成，所以必須要盡快處理醃漬。放至陰涼處保存長達1年時，請將果實取出。果實要直接吃也可以，或是製成梅子凍，也推薦加到燉肉料理裡增添風味。年年製作梅酒，可以體驗每年不同的熟成度及不一樣的口感，這也是品嚐上的一種樂趣。記得要在標籤紙上填寫製作日期哦。

可以選擇標準的加冰或是兌水、還能嘗試加進滿滿水果切片的西班牙水果甜酒（Sangria）風格等，可以享受到很多不同的喝法。

冰糖融化後冷藏保存。浸漬
完成的青梅,可以用來製作
梅子凍或甘露煮料理等。

炎炎夏日,以2～3倍的冰開水
或汽泡水稀釋飲用,梅子的香
氣又帶點微甜的滋味,令人心
曠神怡。

飲用方式

以開水(或汽泡水)倒入裝有
冰塊和梅子糖漿的玻璃杯中稀
釋,甜度依個人喜好口味調整
濃淡比例。還可以再加工一
下,製成果凍等也相當美味。

材料【完成分量約800ml】
青梅 …… 1kg
冰糖 …… 800g

工具
塑膠袋、保存瓶

作法

1 將青梅洗淨,浸泡水中約2小時左右。

2 擦乾青梅的水分,用竹籤剔除蒂頭,裝入塑膠
袋內,冷凍放置一晚。

3 將冷凍青梅、冰糖交互放入乾淨的瓶子,不時
上下來回搖晃瓶身,約2～3天果汁釋出、約1
週冰糖完全融化
後,取出梅子,再
將糖漿重新倒入至
另一個乾淨的瓶
子,冷藏保存。

梅子糖漿

只用青梅和砂糖就能製成梅子糖漿。
事先將青梅冷凍一晚再製作的話,更能加速濃縮成精華。

糖漬

冷藏保存
2個月

工具
噴霧器、容量4ℓ浸漬用的容器
（梅子2倍的容量）、壓蓋、2kg
的重石（與梅子同等重量）、竹
篩2個、容量1ℓ的保存瓶、容量
2ℓ的密封保存容器。

材料【50～60顆的分量】
梅子（全熟梅子） 2kg
調合鹽
　粗鹽 300g（梅子重量的15％）
　細砂糖 100g

紅紫蘇 200g（梅子重量的10％）
粗鹽（去除紅紫蘇苦澀味用） 20g
　（紅紫蘇重量的10％）
日本燒酒（消毒用、酒精濃度35度以上）
　適量

醃梅子

進入到6月，正是醃梅子的季節。
介紹傳統古早味的製法，
酸味會較強烈一些。

鹽漬

陰涼處保存
1年～

紫蘇醃梅

5 直接用水清洗紫蘇的枝葉，摘取葉子時小心不要弄破葉子，用布巾稍微擦拭一下水分，將紫蘇葉移入調理碗，加入⅔的鹽並輕輕地加以搓揉。

6 用手擰擠出 **5** 的水分，使苦澀汁液排出，小心輕輕地撥鬆紫蘇葉，將剩餘的鹽揉入，再一次將苦澀汁液排出，倒掉黑色的苦澀汁液。

7 將 **6** 的紫蘇葉移入調理碗，將 **4** 釋出的梅子醃漬汁（白梅醋），取½杯倒入調理碗內和紫蘇葉融合，鮮豔的汁液釋出。

8 將 **7** 倒入 **4** 的醃漬用容器，再一次蓋上壓蓋、壓上重石，容器口用紙覆蓋住，並用繩子圈綁，到夏季土用（梅雨結束）的這3週期間，放置於陰涼處保存。

Tip! 放置3週。

不加入紫蘇葉醃漬，以夏季土用日曬法製成的「白梅乾」。

沒有經過紫蘇醃漬的梅乾，可以品嚐到梅子的原始風味，同樣也是放至陰涼處保存。

鹽漬梅子

1 清洗梅子，清洗時小心勿使梅子受損。將裝有梅子的調理碗內盛滿水，浸泡約1小時左右，使梅子軟化。

2 用乾布將 **1** 的水分完全擦乾，利用竹籤剔除蒂頭和凹槽處的髒汙。將日本燒酒裝入噴霧器內，噴灑梅子和容器的每一處進行殺菌。

3 單手抓取調合鹽撒在醃漬用容器的底部，接著將梅子排放一層，之後以同樣作法將調合鹽和梅子交互堆疊。越往上層儘量多撒一些調合鹽。

4 在 **3** 上方蓋上壓蓋、壓上重石，容器口用紙覆蓋住，並用繩子圈綁。先置於陰涼處，經過一週後，會釋出梅子的醃汁（白梅醋），撈掉一些汁液僅留下能浸泡到梅子的量，之後再放至陰涼處保存3週。

醃梅子 Q&A

Q 白梅醋 不容易釋出

A 推測可能是重石太輕、鹽不夠、或是鹽沒有均勻撒到全體各處等原因造成。鹽如果都積在容器底部,白梅醋就不容易釋出,請將鹽上下來回翻動。

Q 一部分的梅子 發霉了

A 將發霉的地方和其周圍的部分取出,梅子用日本燒酒沖洗,梅醋過濾後煮沸殺菌,容器洗乾淨後拿到外面曬乾或風乾。若梅子和白梅醋有回到原來的狀態即OK,在這之前、2～3天查看一次情況,如果白梅醋上浮有白色物體,請將它撈出。

Q 曬乾之後, 遇到雨天淋到雨

A 馬上用水沖洗再放到竹篩上,因為日曬前有浸泡過紅梅醋,所以淋到雨較沒關係。晚上或外出時,為防止淋到雨,將竹篩移到陽台或屋簷下會比較安心。

夏季土用日曬

9 在夏季土用(7月20日～8月7日左右)期間,挑個3～4天晴朗的日子裡進行製作。
將 **8** 的梅子排放在竹篩上,注意梅子勿重疊。將紫蘇葉的汁液倒掉,紫蘇葉散開鋪在竹篩上。將容器中的醃汁(紅梅醋)移入已殺菌消毒的瓶子。

10 第1天,**9** 裝有梅子和紫蘇葉的竹篩,勿直接放置在地上,請放在水泥磚之類的平台上面,第1天來回翻動1～2次,讓食材每一處都曬到太陽,裝著紅梅醋的瓶子也要曬到太陽。

11 第1天,日落前將 **10** 移至屋內,紅梅醋用布巾過濾倒入調理碗中之後,再倒回瓶內冷藏保存。第2天開始,梅子和紫蘇葉也是進行同樣的作業,但不用收回屋內直接放過夜。

Tip! 紅梅醋就這樣放置。

12 日曬期間3～4天來回翻動,如果摸起來的觸感像是皮要脫離果肉的話,就表示日曬完成。將曬好的梅子乾和紅梅醋放入密封容器,最後將紫蘇葉乾鋪在梅子乾上方,覆蓋整個表面。

> **料理小知識**
> 到 **12** 的階段,放至陰涼處半年到1年的時間就完成。邊注意環境變化,邊耐心等候享受熟成的樂趣。

甜醋漬蘘荷

醃漬初夏產出的當季蘘荷。
粉紅色調、夏天清爽開胃的小菜。

材料【5個蘘荷的量】

蘘荷 ── 5個（100g）

Ⓐ 醋 ── 80ml
　 水 ── 50ml
　 砂糖 ── 2大匙
　 鹽 ── ¼小匙

醋漬

冷藏保存

1 週

作法

1 將Ⓐ放入鍋內開中火，讓它煮滾一下，待醋酸的香氣散開來，關火冷卻。

2 鍋子盛水煮沸，將蘘荷縱向切對半後放入鍋內，汆燙5秒左右，放至濾網上降溫。

3 將汆燙後的蘘荷移入乾淨的保存容器，倒入**1**，放至冷藏約浸泡1小時左右即完成。

料理小知識

［蘘荷］6～9月是正好吃的季節，挑選時，請選擇外皮色澤飽滿的。放至容器內冷藏，保存期限為一週。作成小菜、或是搭配烤魚，還可以剁碎包入壽司。

甜醋漬嫩薑

從夏季初期到秋季都方便取得的嫩薑，
口感脆嫩不嗆辣。

材料【完成分量約100g】

嫩薑 ── 100g

Ⓐ 醋、水 ── 各100ml
　 砂糖 ── 40g
　 鹽 ── ¼小匙

醋漬

冷藏保存

2 個月

作法

1 將Ⓐ放入鍋內開中火，稍微煮滾一下，待醋的酸香散開來，關火冷卻。

2 用菜刀刮掉嫩薑的髒汙，不削皮直接切成薄片（如果是使用老薑，削皮後再切成薄片，用熱水汆燙一下再泡入冷水10分鐘後瀝乾）。

3 將嫩薑薄片移入已煮沸消毒的保存容器，再將**1**倒入，放至冷藏約浸漬1小時後即完成。

料理小知識

［嫩薑］只有在夏初時取得的，皮才會呈現白色、特別水嫩。放入保存容器，冷藏保存期限約2個月。將浸漬嫩薑的醃汁，再利用於製作醋物或壽司飯上，帶著嫩薑的清香味更加好吃。

鹽漬蕗蕎

簡單的只加入鹽。
使用熱鹽水浸漬，是完成好吃料理的訣竅。

材料【完成分量約1kg】
蕗蕎 —— 1kg
水 —— 150ml
鹽 —— 80g
紅辣椒 —— 2根

鹽漬

陰涼處保存

1年

工具
重石300g（或是保特瓶內裝米或水，
以同等重量的物品來代替）

作法

1 同「甜醋漬蕗蕎」的作法 1 。

2 將蕗蕎、鹽、紅辣椒放入已煮沸消毒的保存容器，搖
晃瓶身使鹽遍及所有食材。鍋子盛水煮滾，冷卻後倒
入保存容器內。

3 在蕗蕎的上方壓入重石、蓋上蓋子即完成。放至陰涼
處，2～3天開蓋1次以排出氣體，經過2～3週，泡水
去掉鹽分後即可食用。

料理小知識

【蕗蕎】新鮮採收的產期是在5月中旬，因為很快
就會發芽，所以買回來後請馬上製作。放至陰
涼處可保存約1年，若是在夏天，移入已煮沸消
毒的小保存瓶冷藏保存，冷藏冰涼後再移回陰
涼處放置。

甜醋漬蕗蕎

產期較短的生蕗蕎，
大量醃漬可長時間享用。

材料【完成分量約1kg】
蕗蕎（新鮮採收的更好）—— 1kg
粗鹽 —— 50g
Ⓐ 醋 —— 2杯
　砂糖 —— 1杯
　紅辣椒（去籽）—— 2根

醋漬

陰涼處保存

1年

作法

1 將蕗蕎以流水沖洗，沖掉泥土，在接近蕗蕎根部，預
留一些鱗莖以後的地方用刀子切除，將蕗蕎薄薄的一
層外皮剝掉，再一次以流水沖洗，之後將水分充分擦
乾。

2 將蕗蕎放入調理碗，撒上鹽並均勻塗抹，用保鮮膜包
覆後，常溫醃漬一晚。

3 以流水沖洗掉 2 的鹽分，將水分充分擦乾。

4 將Ⓐ放入鍋內開中火，稍微煮滾一下，待醋的酸香散
開來，關火待完全冷卻。

5 將步驟 3 事先醃漬好的蕗蕎放入已煮沸消毒的保存容
器，接著將 4 倒入，放至陰涼處約醃漬1個月即完
成。

吃在嘴裡冰冰涼涼，酸甜好滋味的夏季甜點。

糖漬小蕃茄

將夏天裡各種鮮艷的小蕃茄以白酒浸漬成帶有甜點風味的醃漬小點，糖分減量後更適合成人食用。

材料【15顆小蕃茄的量】

小蕃茄（紅・黃）⋯⋯15顆（去蒂後重量180g）

Ⓐ 白酒（甜口）⋯⋯100ml

細砂糖⋯⋯50g

水⋯⋯200ml

檸檬汁⋯⋯½顆的量

作法

1 鍋內盛水煮滾，將小蕃茄汆燙約5秒撈起，外皮會經熱水汆燙而脫落。

2 將Ⓐ放入鍋內開火煮沸，細砂糖融化後關火，加入小蕃茄、檸檬汁，放置待熱度減退，浸漬1天的時間。

酒漬

冷藏保存
1週

料理小知識

【小蕃茄】在6～9月為盛產季節，夏季的代表性水果。放入保存容器，冷藏1～2週，將煮剩下的水果汁液放入冷凍，變身成為雪酪。小蕃茄用來裝飾點綴菜色效果佳，也很適合製成小菜，用來招待客人，相信會很受歡迎。

芒果
果實醋

使用芒果乾製作，
輕輕鬆鬆就能享受南洋風的飲料。

醋漬

常溫保存
1個月

材料【完成分量180ml】
芒果乾—— 20g
冰糖—— 10g
米醋（黑醋、蘋果醋、酒醋可）—— 150ml

工具
保存瓶

作法

1 將芒果乾切成寬1～2cm的條狀。

2 將 1、冰糖放入乾淨的保
存容器，倒入醋，放至陰
涼處浸漬2～3天，放到2
週左右將芒果乾取出。

藍莓
果實醋

使用冷凍藍莓製作，
搖身一變成為透亮的沙瓦飲料。

醋漬

常溫保存
1個月

材料【完成分量180ml】
藍莓（冷凍可）—— 30g
冰糖—— 30g
米醋（黑醋、蘋果醋、酒醋可）—— 150ml

工具
保存瓶

作法

1 將藍莓、冰糖放入乾淨的
保存瓶，加入醋。

2 放至陰涼處2～3天即完成，若放到2週時，會有
沉澱物產生，所以請用乾淨的湯匙將藍莓取出。

芒果果實醋冷飲

藍莓果實醋冷飲

料理小知識

具有強烈的酸性，所以最好是選擇玻璃
製的保存容器或空瓶。若是採用砂糖
時，上白糖、三溫糖、黑糖等都OK，
若是冰糖的話，依個人喜好多添加一些
也無妨。

除了加點冰塊或汽泡水，加到
牛奶裡也很美味，帶點微酸甜
的口感，喝起來清涼暢快。

作法

1 快速沖洗一下竹莢魚,將水分充分擦乾,魚腹朝內,從魚尾朝魚頭的方向,沿著中骨的上方切入將魚肚剖開。

2 去掉魚鰓及內臟,切到魚背為止不要全部剖開。

竹莢魚一夜干

鎖住當季食材的鮮味,
只要短時間日曬一下,
就能準備豐盛的一餐。

冷藏保存
2~3天

冷凍保存
2週

材料【2尾的量】
竹莢魚 ⋯⋯ 2尾(500g)
調味液
　酒、鹽 ⋯⋯ 各2大匙
　味醂 ⋯⋯ 2小匙
　水 ⋯⋯ 2杯

工具
食品用吸水透明膜(p.8)、
有的話就準備餐廚網籃(p.8)

7 將**6**的竹莢魚放入餐廚網藍（沒有的話就排放到竹篩上），放置到陽光照射不到的地方，再晾置2～3小時，注意如果晾置時間過長，魚身會變硬。

Tip! 請選擇溫度低、通風良好的場所。

料理小知識

【竹莢魚】5～7月是竹莢魚特別好吃的時期，請挑選魚眼清澈、魚肚鼓起的竹莢魚。用保鮮膜包覆，冷藏保存2～3天，密封冷凍保存的話，保存期限是2週。除了要特別注意一下晾置的環境之外，自家製的完成品，絕對是獨一無二的美味。

3 菜刀切入魚頭，將魚頭剖成2半，用兩手抓住魚鰓的部位，向外朝兩邊使勁掰開並壓平。

4 調理碗內盛水，用手搓洗掉殘留的內臟，再用水沖洗乾淨。

Tip! 在水中輕輕地清洗。

5 將調味液倒至調理盤內混合拌勻，將已擦乾水分的**4**放入，醃漬1小時左右。

6 將**5**的汁液確實擦乾，用吸水透明膜包覆，放入冷藏靜置1～2小時使水分脫乾，用手指按壓魚身，還帶點彈性、水分被脫乾的話即完成。

Tip! 利用吸水透明膜使魚身軟化。

作法

① 用手處理沙丁魚，掰掉魚頭，輕輕地將內臟拉出。

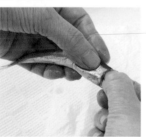

材料【約30尾的量】

日本鯷魚 ── 300克

鹽水 ── 鹽6g、水200ml（濃度3%）

鹽、胡椒 ── 各¼小匙

Ⓐ 紅辣椒 ── 2根

　迷迭香（生）── 2株

　大蒜切薄片 ── 1瓣的量

橄欖油 ── 200ml

工具

廚房紙巾、溫度計（p.9）

料理小知識

【日本鯷魚】整年都有生產，但初夏是最肥美好吃的時期。放入密封容器冷藏可保存2～3天，保存容器請選擇能將食材完全浸漬在油裡的大小。因健康考量，鹽分有調整減量，所以請儘早食用完畢。

油漬沙丁魚

將日本鯷魚用油細火慢煮，手作的新鮮沙丁魚料理，更別具一番風味。

油漬

冷藏保存

2~3天

5 將橄欖油以繞圈方式倒入，開小火慢煮約40分鐘，溫度保持在70～80度。關火充分冷卻後即完成。冷卻後魚身會緊縮，連同醃汁一起保存。

Tip! 善用溫度計零失敗。

 油漬沙丁魚
Q&A

Q 油漬沙丁魚的鹽分不會太高嗎？

A 一般的食譜很多都是將鹽水設定在高濃度的8%，但本書是設定在3%的薄鹽口味，不過請注意，如果浸泡鹽水的時間過長，也會導致鹽分過高的情況。

2 用手指將殘留的內臟挖除乾淨，再用水充分洗淨。

3 調理盤內倒入鹽水，將 **2** 放入浸泡1小時左右。竹篩內鋪上廚房紙巾後，將魚排放在上，用廚房紙巾由上而下輕輕地按壓擦乾水分。

4 將 **3** 不重疊地排放於平底鍋，撒上鹽、胡椒後，將 Ⓐ 鋪放在上面。

作為蔬菜沙拉的配菜、或是夾三明治的配料，其他還可將醃漬的油拿來熱炒「沙丁魚義大利麵」都是一絕。

艾草麻糬

充滿春天氣息的艾草麻糬，
本書採用市售的「艾草粉」。

材料【10個的量】
艾草粉（在天然食材店或網路上購買得到）
⋯⋯ 10g
糯米粉 ⋯⋯ 30g
溫水（35度）⋯⋯ 180ml
Ⓐ 上新粉 ⋯⋯ 170g
　砂糖 ⋯⋯ 20克
　鹽 ⋯⋯ 少許
日式太白粉（手粉用）⋯⋯ 適量
紅豆餡 ⋯⋯ 250g

冷藏保存
1~2 天

工具
竹篩（p.9）30cm

作法

4 蒸好膨脹後，趁熱時淋一下水之後用布巾擦拭水分，結合 **1** 的艾草糰，全部均勻混合揉捏。

1 將艾草粉倒入調理碗，加入大量的熱水浸泡，用濾網過濾，水分充分瀝乾後移至廚房紙巾上，用手揉捏。

5 揉捏直到整體呈綠色後，分成10等分，放在事先撒上日式太白粉的砧板上，按壓成橢圓形。 在各糰麻糬中間放上分成10等分的紅豆餡並對摺，依個人喜好可撒上黃豆粉。

2 將糯米粉倒入耐熱容器，將⅓的溫水慢慢地邊加入邊攪拌，等到成泥狀後將Ⓐ加入混合攪拌，再將剩餘的溫水，慢慢地邊加入邊揉捏，揉成一團。

Tip! 軟硬度如同耳垂。

料理小知識

【艾草麻糬】在春天初期摘取艾草新葉，到3月下旬，就會開始上架到和菓子店裡，將艾草製成艾草粉使用起來很方便。因為是沒有添加物的自製麻糬，所以請儘早食用完畢，吃不完的不要撒上黃豆粉，一個個用保鮮膜包覆冷凍保存。解凍的時候，連同保鮮膜放進微波爐解凍，或是蒸一下即回復到原來的柔軟狀態。

3 放至耐熱盤內，從上方輕壓整平，讓熱度平均到達每一處。用保鮮膜包覆後送進微波爐加熱約1分30秒，翻面後再微波加熱約3分30秒。

櫻餅

使用道明寺粉製成的關西風味，
帶著淡淡的櫻花色澤和Q彈口感，
正是迷人之處。

材料【8個的量】

Ⓐ 道明寺粉
（乾燥米碾碎而成的粉，
在食材商店或網路購買得到）⋯⋯ 120g
溫水（35度）⋯⋯ 180ml
砂糖⋯⋯ 1大匙
食用紅色素⋯⋯ 適量
紅豆沙⋯⋯ 160g
鹽漬櫻葉⋯⋯ 8片

冷藏保存
1～2 天

作法

❸ 將保鮮膜攤開鋪在掌心，將 **2** 放上去並壓成橢
圓形。將分成8等分並搓成球狀的豆沙餡置於
中間，從保鮮膜上方捏合成米袋狀，再以櫻葉
包覆後即完成。

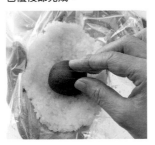

❶ 將Ⓐ倒入耐熱容器內，混合攪拌均勻。筷子的
前端沾上少量的食用紅色素混合在一起調出櫻
花色澤，依個人喜好調成其他顏色也可以。

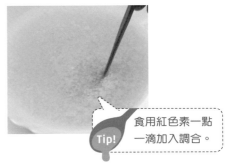

Tip! 食用紅色素一點
一滴加入調合。

❷ 用保鮮膜包覆，送進微波爐加熱約4分鐘，取
出後攪拌混合一下，再微波加熱約8分鐘後，
保鮮膜不取下，放著悶個10分鐘，接著取出分
成8等分。

料理小知識

【櫻餅】用鹽漬櫻葉包覆的日式點心，櫻花的香氣，
令人如沐在春風裡。與艾草麻糬一樣，請儘早食用
完畢，吃不完的部份，一個一個用保鮮膜包覆冷凍
保存。解凍的時候，看是要放著自然解凍，還是要
利用微波爐的解凍功能都可以。

享受四季風味

秋冬

豐盛的秋天到來，
栗子、秋刀魚、金柑等，
適合製作保存食的食材大量產出。
等到真正變寒冷時，
結合冬天的蔬菜增添甜味，
可以品嚐到美味的醃漬食品。
還有可以預防感冒的果實酒，也一定不能錯過。

材料【方便製作的分量】
栗子 ── 800g
小蘇打 ── 1小匙
砂糖 ── 500g
鹽 ── 一小撮

料理小知識

【栗子】請統一挑選大顆粒的、外皮有光澤且飽滿的栗子較新鮮。放入保存容器冷藏，等2～3天入味後，正是最佳品嚐時機。

栗子澀皮煮

保持栗子形狀的醬滷製作，熱騰騰地完成上桌，靠的是不疾不徐、細心的作業。

糖漬

冷藏保存
1個月

作法

1 將栗子泡在溫水裡約1小時，待外殼軟化後，用刀子將外殼剝除，留下內膜的澀皮。

Tip! 注意勿傷到內膜的澀皮。

2 將水（1500ml）倒入鍋內，小蘇打倒入溶解、加入栗子開火，煮滾後撈出浮沫，再約煮10分鐘後關火，靜置冷卻。

3 調理碗內盛入溫水，用指尖將澀皮刮落，較難去除的紋路上的硬皮，利用竹籤的尖端剔除，注意作業時勿使栗子果肉受損。

4 鍋內盛滿水並放入栗子開火，稍微煮滾一下關火，短時間放置後將水倒掉，重覆作法來回3～4次。

5 將栗子放入鍋內，並盛入稍淹蓋過栗子的水量，再將½的砂糖倒入，蓋上落蓋，小火約煮20分鐘。接著加入剩下的砂糖再煮20分鐘，關火靜置一晚使味道融入。

6 將鍋內的栗子取出，鍋內的糖汁繼續熬煮至約剩一半的量，加入鹽、再把栗子倒回鍋內，稍煮一下關火。將栗子和糖汁一起放入已煮沸消毒的保存容器內。

60

味醂漬秋刀魚乾

只要塗上帶著微甘甜的味醂進行陰乾，油脂豐富的秋刀魚立即化身美味魚乾。

材料【1尾的量】

秋刀魚 —— 1尾

Ⓐ 水 —— 200ml
   鹽、砂糖 —— 各1小匙

味醂 —— 1大匙

烘培白芝麻（完成後撒上）—— ½大匙

工具

食品用吸水透明膜（p.8）

醬料刷、餐廚網籃（p.8）

陰乾

冷藏保存 **2～3**天

冷凍保存 **2**週

作法

1 將魚頭切掉，剖開魚背，調理碗內盛水清洗內臟。

2 將Ⓐ倒入調理盤內攪拌混合，將 **1** 放入，途中邊醃漬邊將魚身翻面，約醃漬1小時。

3 將 **2** 的汁液擦乾，用吸水透明膜包覆後，放至冷藏約3～5時進行脫水。

4 拆掉吸水透明膜，用醬料刷在魚身的兩面塗抹味醂，再用新的吸水透明膜包覆後，放置約1小時進行脫水。

5 拆掉吸水透明膜，在魚身全面撒上白芝麻，放入餐廚網籃內（沒有的話就排放到竹篩上），陰乾約3小時。

Tip! 陰乾就OK。

料理小知識

【秋刀魚】在食慾旺盛的秋季不可缺少的秋刀魚，產期是從8月半開始，但油脂肥美好吃的時期是在9～10月。陰乾後一片一片用保鮮膜包覆，冷藏保存的話請在2～3天內食用完畢，冷凍則可保存2週。

在家手作的話，可以依個人喜好調整辣度和熟成度。
在此介紹利用玻璃瓶就可以簡單製作的食譜作法。

鹽漬＋辛
香料醃漬

冷藏保存
2週

2 將製作韓式醃醬的材料放入調理碗內,用湯匙等器具攪拌均勻。

3 將水分已擠出的白菜和韓式醃醬,交互放入已煮沸消毒的保存容器內,最上層鋪上韓式醃醬,蓋上蓋子。

Tip! 交叉重疊鋪放,味道能均勻滲入。

4 放至陰涼處,不時搖晃一下瓶身促進發酵,1週左右紅色的醃汁就會釋出。

材料【完成分量約400g】
白菜 ── ⅛個
粗鹽 ── 1小匙
韓式醃醬(辛香料)
　青蔥蔥白部分(斜切薄片)── 1根的量
　洋蔥(切薄片)──(中型)⅓顆的量
　韭菜(切成5cm長)── 3根的量
　蘋果碎末 ── ½顆的量
　大蒜碎末、生薑碎末 ── 各1大匙
　鹽漬烏賊 ── 50g
　砂糖、蜂蜜 ── 各4大匙
　韓國辣椒粉 ── 80g

作法

1 白菜切大塊狀,撒鹽並充分塗抹到白菜上,放置約10分鐘,白菜軟化後將水分擠出。

料理小知識

[白菜] 從11月下旬到2月期間的白菜,又甜又水嫩,令人想要醃漬保存起來享用。製作完成後放入冷藏保存,容器清洗方面,建議選擇玻璃製的保存容器,可以輕鬆洗掉附著的味道及顏色。白菜醃漬物雖然製作容易,但經發酵後既美味又道地!

鹽漬烏賊

鹽漬製作上扮演重要角色的烏賊肝臟，在秋冬兩季會長得特別肥美，若碰到了新鮮的烏賊，要不要試著製作挑戰一下呢。

鹽漬

冷藏保存
2~3天

材料【完成分量約100g】
槍烏賊 —— 1隻
鹽 —— 烏賊重量的5%

工具
食品用吸水透明膜（p.8）

料理小知識

【烏賊】烏賊如果放個幾天，就會發出腥臭味，採用新鮮的烏賊製作，也是好吃的祕訣之一。放入密封容器，冷藏可放2～3天，鹽量可依個人喜好減量一些，但也請注意要儘早食用完畢。

5 將**4**和內臟一起秤重，其秤出重量的5%即為這次要使用的鹽量。

6 將**5**計算好的鹽量塗抹於切好的軀幹、鰭，之後用吸水透明膜包覆一層，再將內臟單獨包覆在旁邊，冷藏放置約半天時間進行脫水。

Tip! 內臟也必須脫去水分。

7 將切好的軀幹和鰭放入調理碗內，用手將內臟擠到調理碗內，混合均勻攪拌即完成。

作法

1 將烏賊用水沖洗一下，擦乾水分，將足部和內臟從軀幹一起拉出（足部不使用）。

2 將鰭（耳）從軀幹取下，拔除軟骨，利用濕布輕輕地撕下外套膜。

3 取下的內臟，用手輕輕地剝除墨囊，剝除時請小心勿弄破墨囊。

Tip! 剝除時請小心勿弄破墨囊。

4 將軀幹對切成2片後，再切成寬5mm的條狀，鰭也是切成寬5mm的同等大小。

涼拌紅白蘿蔔絲

採用冬天水水嫩嫩的白蘿蔔，製作清爽口感的小菜，作法簡單又輕鬆的保存食，事先準備省事又方便。

鹽漬

冷藏保存
1週

料理小知識

【白蘿蔔】美味的時期是從11月到3月，在這期間生產的白蘿蔔甜度很高，多製成涼拌生食是不錯的選擇。放入乾淨的保存容器內冷藏保存，依個人喜好還可以淋上柚子汁或柚子皮，美味口感更升級。

材料【方便製作的分量】

白蘿蔔 —— 500g

紅蘿蔔 —— 5cm

鹽 —— 1大匙

Ⓐ 醋 —— 4大匙
砂糖 —— 2大匙

烘培白芝麻 —— 1大匙

作法

1. 將白蘿蔔、紅蘿蔔削皮後，切成5cm的細絲放入調理碗內，將鹽撒入混合均勻放置約10分鐘，用水沖洗一下後擠乾水分。

2. 將混合好的Ⓐ倒入調理碗內，撒上白芝麻調拌即完成。

德國料理中不可缺少的一道菜，
是以鹽漬高麗菜所製成，
溫和的酸味最適合搭配肉類料理。

德國酸菜

鹽漬

冷藏保存
2 週

作法

1 將高麗菜切成寬約5mm的細絲，用水沖洗一下並充分瀝乾水分。

2 將 1、鹽、葛縷子、月桂葉、紅辣椒，放入到已煮沸消毒的保存容器內，之後將水倒入。

3 蓋上瓶蓋，上下搖晃混合食材，放入冰箱冷藏保存，不時上下來回搖晃瓶身，經4～5日天軟化後即可享用。

材料【方便製作的分量】

高麗菜 —— ¼個（250克）
鹽 —— 1小匙
葛縷子 —— ¼小匙
月桂葉 —— 1片
紅辣椒（切小段）—— ½支
水 —— 50ml

工具　保存容器

除了搭配香腸等肉類料理之外，還推薦配上烤焙根、粗粒黃芥末醬口味的三明治。

料理小知識

【高麗菜】冬天的高麗菜，葉子包覆得較緊實、質地較硬，咬在嘴裡能享受到卡滋卡滋脆脆的口感。放入密閉容器，可以冷藏保存。食用的時候經常會有湯汁滿溢的狀況。明明沒有放入醋，因為發酵的關係，會有柔和的酸味滲入其中。

作法

1 將金柑充分洗淨，用熱水約煮2分鐘，等金柑浮起時就將浮沫撈出。

2 將 1 放至濾網泡冷水，為了容易挑出種籽，將金柑用刀子縱向約劃5道切口。

材料【完成分量約600g】

金柑 ── 500g

水 ── 200ml

細砂糖 ── 150g

蜂蜜 ── 50g

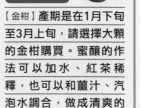

料理小知識

【金柑】產期是在1月下旬至3月上旬，請選擇大顆的金柑購買。蜜釀的作法可以加水、紅茶稀釋，也可以和薑汁、汽泡水調合，做成清爽的飲品也是不錯的選擇。

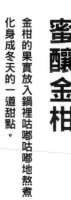

蜜釀金柑

金柑的果實放入鍋裡咕嘟咕嘟地熱煮，
化身成冬天的一道甜點。
含在嘴裡，感覺似乎在口中融化開來。

糖漬

冷藏保存

1 週

金柑酒

滿滿的維他命C，
有感冒徵兆時就來一杯。

酒漬

材料【完成分量約500ml】
金柑 —— 10顆（200g）
冰糖 —— 100g
蒸餾燒酒
（酒精濃度35度以上）—— 500ml

陰涼處保存
2~3 年

工具　保存容器

作法

1 將金柑用溫水充分洗淨，擦乾水分後，用牙籤插刺數個地方，放入已煮沸消毒的保存容器內，倒入冰糖。

2 將蒸餾燒酒倒入容器內，放至陰涼處約1個月即完成，果實用乾淨的湯匙取出。

3 將金柑邊用手指輕壓，邊打開切口處，用牙籤將種籽挑出。

Tip! 如果不在意種籽，不挑出也無妨。

4 將 3 和水倒入鍋內開火，煮滾後轉小火並加入½的細砂糖，為避免燒焦，一邊用木鏟攪拌一邊煮10分鐘。

5 再加入剩下的½細砂糖混合攪拌，再煮10分鐘後，倒入蜂蜜，充分混合後關火，待降溫後即完成。

還有其他利口酒，在下頁介紹說明。

各式利口酒

作法就只要將水果切一切放入浸漬。夜裡獨自小酌、或是聚會招待時，和大家一起共享，能隨興盡情品嚐。

ROSE
WHITE LIQUER
20. May. 20○○

枇杷酒　　　　　　玫瑰利口酒　　　　　鳳梨酒

咖啡利口酒　　　　　　木瓜海棠果酒

鳳梨酒

2個月後，
鳳梨甜味香醇濃厚。

材料【完成分量約500ml】
鳳梨果肉 ⋯⋯ ½顆的量（300g）
冰糖 ⋯⋯ 100g
蒸餾燒酒（酒精濃度35度以上）⋯⋯ 500ml

工具　保存瓶

作法

1　鳳梨果肉切成約一口大的大塊狀。

2　將鳳梨、冰糖、蒸餾燒酒倒入已煮沸消毒的保存瓶
　　內，放至陰涼處約2個月後，將鳳梨果肉取出，加入
　　水或氣泡水稀釋，再加點檸檬汁，爽口無比。

木瓜海棠果酒

味道香甜醇厚、
口感溫和不刺激，利用秋季
收成的果實來浸漬製作吧。

材料【完成分量約500ml】
木瓜海棠果（熟成果實）⋯⋯ 1顆（300g）
冰糖 ⋯⋯ 100g
蒸餾燒酒（酒精濃度35度以上）⋯⋯ 500ml

工具　保存瓶

作法

1　木瓜海棠果以溫水充分洗淨，將水分擦乾後，切成厚
　　2cm的輪狀。

2　將1及冰糖放入已煮沸消毒的保存瓶內，倒入蒸餾燒
　　酒，放至陰涼處保存，浸漬約2個月後即可飲用。過
　　了半年到1年後，把果實取出。

枇杷酒

產期在初夏的枇杷酒，
最適合製成溫和的利口酒。

材料【完成分量約500ml】
枇杷果實 ⋯⋯ 10顆
冰糖 ⋯⋯ 100g
蒸餾燒酒（酒精濃度35度以上）⋯⋯ 500ml

工具　保存瓶

作法

1　將枇杷充分洗淨、擦乾水分。

2　將1、冰糖、蒸餾燒酒倒入已煮沸消毒的容器內，放
　　置一個月左右即完成。果實經浸漬至熟成，製成的利
　　口酒更加醇厚。

加入水或汽泡水稀釋
後，口感清爽，如果
天氣寒冷時，加熱水
稀釋飲用，身體會變
得暖呼呼。

酒漬

陰涼處保存
數年
視變化儘早飲用
完畢。

料理小知識

倒入保存瓶內，若是放在通風良好
的陰涼處，可以長時間保存。要取
出果實時，請使用乾淨的湯匙或勺
子。

咖啡利口酒

咖啡濃縮後的苦味
和冰糖的甜味融合在一起。

加入牛奶調成卡魯哇牛奶酒（Kahlua Milk）。也推薦加入香草冰淇淋，變身成餐後的義大利甜點。

材料【完成分量約500ml】
咖啡豆 —— 30g
冰糖 —— 50g
蒸餾燒酒（酒精濃度35度以上）—— 500ml

工具　保存瓶

作法

將咖啡豆、冰糖放入已煮沸消毒的保存瓶內，倒入蒸餾燒酒，浸漬約1個月後，利用濾網過濾掉咖啡豆，倒入乾淨的瓶子內，放在陰涼處保存。甜度不夠的話，依個人喜好增加冰糖量。

除了可加入水或汽泡水稀釋之外，
還可和紅茶混合調成玫瑰茶享用。

玫瑰利口酒

含一口在嘴裡，
玫瑰香氣四溢，優雅的酒。

材料【完成分量約500ml】
玫瑰花（食用、無農藥）—— 70g
冰糖 —— 80g
蒸餾燒酒（酒精濃度35度以上）—— 500ml

工具　保存瓶

作法

1　將玫瑰花充分洗淨、水分瀝乾，將花瓣一片片剝下。

2　將 1 和冰糖放入已煮沸消毒的保存瓶內，倒入蒸餾燒酒，放至陰涼處保存約1個月後，利用濾網過濾倒入乾淨的瓶子內。

可自行剪下使用！
活用首頁附的
標籤紙

在本書首頁附有保存食的標籤紙，
使用上非常方便！

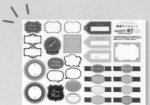

① 寫上內容物及日期

直接剪下使用，
或是彩色複印
重覆使用也OK♪

貼上寫有內容物及製作日期
的標籤紙，打開冰箱一目瞭
然。特別是製作日期很重
要，才知道已經放了多少
天。因為標籤紙不是貼紙式
的，要另外利用紙膠帶或雙
面膠進行黏貼。

要長時間保存時

利用膠帶護膜或使用
接著劑黏貼標籤紙，
較不容易脫落。

像要長時間保存的梅酒及梅
子乾等，為了在長期放置之
下標籤紙也不會脫落，可利
用透明膠帶覆蓋黏貼，形成
護膜，或是用接著劑黏貼。
但因為黏貼上去就不容易脫
落，所以不適用於短期放置
的保存食。

② 很適合作為留言便籤
貼在禮物上！

可以利用畫筆或圖章DIY
打造可愛的圖文。

可以在禮物上留言傳達心意

內附有符合Mason Jar
密封玻璃瓶口徑的標籤紙

本書附有符合Mason Jar
密封玻璃瓶的二層瓶蓋大
小的標籤紙，可以直接貼
在瓶蓋上，如果尺寸不符
合，可以縮小放大影印成
適合的大小。

果醬等要分送他人時，貼上留言便籤更能傳達送禮心意，
即使不特別包裝，外觀看起來就很討喜，誠意十足的禮
品。

第 3 章

大量製作儲存、
每天輕鬆做菜

百嚐不厭的常備菜

每一天的每一餐都能快速上菜且吃得很滿足，這是
每一個人的期待。其實只要冷藏保存幾道常備菜、
用整塊肉或整條魚「一次製作完成」的話，就能達
成。絕對讓您每一餐吃得輕鬆又豐盛。

脆皮燒肉

烘烤方式控制得宜的話，就算是一整塊的五花肉，也能輕鬆調理。作法簡單，隨時都能製作享用。

材料【完成分量約800g】

豬里肌肉塊 —— 800g

A 鹽 —— 2大匙
粗粒黑胡椒 —— 1大匙
大蒜碎末 —— 1小匙

迷迭香（乾燥）—— 1大匙
月桂葉 —— 2片
橄欖油 —— 適量

綜合配料

馬鈴薯（帶皮）—— 中型3顆
紅蘿蔔（任意切粗塊）—— 1根的量
大蒜（帶皮）—— 1個

工具

棉繩、有的話準備棉手套（乾淨的）

烘烤

冷藏保存
4~5日

4 橄欖油適量倒入平底鍋內加熱，把取下月桂葉的 **3** 放入鍋內，將整個肉塊煎得恰得好處、表面均勻呈現金黃色，使鮮味鎖在裡頭。

> **Tip!** 表面煎至金黃色，使鮮味鎖在裡頭。

5 烤盤鋪上鋁箔紙，將 **4** 放在烤網上，肉塊周圍擺上綜合蔬菜，將1大匙橄欖油均勻淋上整個肉塊，放入預熱180度的烤箱，約烤50分鐘。

> **Tip!** 淋上橄欖油，防止黏網。

6 用竹籤插刺肉塊查看，若內部肉汁呈現透明時即完成。用鋁箔紙包覆放置約30分鐘，可將鮮味鎖在裡頭。

作法

1 用竹籤插刺整塊豬肉，使味道更容易融入，將 **A** 用手充分地按壓滲入肉塊。

2 將肉塊塑形，將 **1** 用棉繩捲繞約間隔2cm寬綁緊，戴上棉手套會更好捆綁。

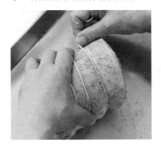

3 撒上迷迭香，將撕好的月桂葉嵌入到棉繩下，放置約30分鐘入味。

> **料理小知識**
> 可以用保鮮膜包好冷藏。如果有剩下，可以做為炒青菜或是三明治的材料，直到最後都不會有吃膩的感覺。

水煮里肌火腿肉

自家製的薄鹽火腿，
烹調重點是將辛香料充分滲透到肉塊內後水煮。

3 脫去鹽分。大調理碗內盛水，將 **2** 放入，更換2～3次水後，大約一天就能脫去鹽分。之後再用吸水透明膜包覆，冷藏約2天脫去水分，再用布巾包覆。

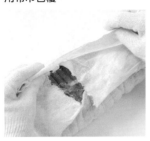

4 將肉塊塑形，為防止手滑可戴上棉手套，將 **3** 用棉繩捲繞間隔約2cm寬綁緊，放入二層的密封夾鏈袋內。

5 鍋內盛入70～75度的溫熱水，將 **4** 放入鍋內，保持恆溫約煮3小時。用竹籤從布巾上方插刺，待肉汁變透明，撈起放在篩網上即完成。

Tip! 利用溫度計掌控溫度。

材料【約20cm長的量】

豬里肌肉塊 —— 1kg

A 鹽 —— 1½大匙
　　砂糖 —— ½大匙
　　粗粒黑胡椒 —— 1½大匙
　　百里香（乾燥）—— 2小匙

迷迭香（生）—— 1株

工具

食品吸水透明膜（p.8）、篩網（p.9）、棉手套（乾淨的）、棉繩、溫度計（p.9）

作法

1 用竹籤插刺整塊豬肉，使味道更容易融入。將 **A** 混合後用手充分按壓滲入到肉塊內。

2 將迷迭香撕成適當大小，撒在豬肉塊的表面，用保鮮膜包覆後放入調理盤，冷藏約1週待熟成。

Tip! 1週熟成。

料理小知識

水煮撈出放至完全冷卻後，用保鮮膜緊緊包覆冷藏保存，靜置一晚後，被緊捆的肉塊，味道均勻融入其中。

材料【6條的量】

綜合絞肉 ⋯⋯ 250g
大蒜碎末 ⋯⋯ 1小匙
芹菜切成細末 ⋯⋯ 1大匙
日式太白粉 ⋯⋯ 1小匙
鹽、砂糖 ⋯⋯ 各½小匙
粗粒黑胡椒粉、百里香（乾燥）⋯⋯ 各¼小匙

工具
麻繩（10cm）12條、溫度計（p.9）、
符合保存量大小的密封夾鏈袋（p.11）

香腸

作法只是用保鮮膜包覆、水煮，
就這麼簡單。多做一些冷凍保存的話，
帶便當或當下酒菜都好吃。

冷藏保存
3天

作法

1 將所有的材料放入調理碗，混合攪拌直到呈黏稠狀為止，分成6等分搓成圓球狀。

2 捏成約長5cm的香腸形狀，將空氣擠出包入保鮮膜。

3 將保鮮膜的兩側如糖果包裝般捲緊，並用麻繩纏繞打結，剩下的肉餡也是同樣作法，完成後放入密封夾鏈袋。

Tip! 用保鮮膜包覆，製成無皮香腸。

4 鍋內倒入70～75度的溫熱水，將 **3** 連同夾鏈袋放入鍋內，放下落蓋。控制火候不使沸騰煮45分鐘後，從袋內取出放上篩網，待降溫冷卻。

Tip! 還沒有要吃的香腸，直接連同保鮮膜冷凍保存。

> **料理小知識**
> 採用100%豬絞肉的話，吃起來更加順口。建議還可加入九層塔、香菜、綜合辛香料等喜好的香草或辛香料。

吃的時候

如果是冷凍保存，要食用時
請解凍，平底鍋內放入適量
的沙拉油熱鍋，香腸入鍋邊
煎邊翻面，煎得恰到好處呈
金黃色時即完成。

鹽漬檸檬鮭魚

簡單的醃汁，加上檸檬和辛香料的香氣提味，
最適合搭配製成冷盤或沙拉。

鹽漬、糖漬

冷藏保存
2~3天

料理小知識

保存時，將橄欖油塗抹在鮭魚表面後，用保鮮膜包覆可預防乾燥。要招待客人時，前一天作好，當天取出切成薄片，擺出華麗的冷盤。

材料【約4人份】
鮭魚（生魚片用）—— 300g
粗鹽 —— 1大匙
細砂糖 —— 1小匙
Ⓐ 檸檬皮切細末 —— 1顆的量
　 百里香（乾燥）—— ¼小匙

工具
廚房紙巾（p.9）

作法

❶ 將粗鹽和細砂糖均勻混合，用手充分地塗抹在整塊鮭魚上。

❷ 將Ⓐ撒在1的各處，用手充分地按壓滲入。

❸ 用廚房紙巾將2包覆，中途須更換一下紙巾，放至冷藏約6～8小時即完成。要食用時用水沖一下後擦乾水分。

搭配菜色

搭配酪梨和美乃滋使味道更加濃郁
鮭魚酪梨沙拉

材料【2人份】
鹽漬檸檬鮭魚 —— 150g
酪梨 —— 1顆
檸檬汁 —— 適量
Ⓐ 檸檬汁、美乃滋 —— 各1大匙
　 薄口醬油、山葵 —— 各1小匙

作法

1 將鹽漬檸檬鮭魚、酪梨切成2cm的角塊狀，淋上檸檬汁。

2 將Ⓐ混合後，再將1倒入混合攪拌即完成。

Tip! 等待熟成。

香氣滿盈的沙拉風味醃菜，利用剩餘少量蔬菜，只要30分鐘即可做出一道料理。

鹽漬

冷藏保存
2~3 天

高麗菜洋蔥的即席醃漬

材料【完成分量約300g】
高麗菜（碎切）⸺ 150g
小黃瓜（切小片）⸺ 1條的量
紅洋蔥（切薄片）⸺ ½顆的量
紫蘇（切細絲）⸺ 5片的量
粗鹽 ⸺ 1½小匙（食材重量的2%）
烘焙白芝麻 ⸺ 少許

作法

將蔬菜放入密封夾鏈袋，撒入鹽，從袋子上方仔細地搓揉整袋蔬菜。放入冷藏，醃漬約30分鐘即完成。將醃汁擠掉，撒上白芝麻。

蘘荷芹菜的即席醃漬

材料【完成分量約250g】
蘘荷（斜切成薄片）⸺ 3個的量
芹菜的莖（切成寬5mm小段）⸺ 30cm的量
粗鹽 ⸺ 1小匙（素材重量的2%）
生薑汁 ⸺ 1小塊的量

作法

同左記「高麗菜洋蔥的即席醃漬」的作法步驟。食用時將醃汁倒出，將生薑汁淋在蔬菜上食用。

料理小知識

比起精鹽，建議選擇礦物質豐富的粗鹽（天然鹽），可以提引出蔬菜的鮮甜味，食材口感也會較滑順。

材料【完成分量約100g】

煮湯用的昆布（泡水還原）—— 50g

香菇乾 —— 2朵

Ⓐ 泡香菇的香菇水 —— 3大匙

　│ 醬油 —— 4大匙

　│ 砂糖、醋 —— 各1大匙

　│ 酒 —— 2大匙

醬漬昆布

用收乾湯汁的昆布來製作，很環保的一道常備菜。曬過的香菇乾和昆布的結合，鮮味滿滿。

醬油醃漬

冷藏保存 1週

作法

料理小知識

若有湯汁殘留，昆布會因為浸漬在湯汁裡而容易產生破損，所以湯汁要完全收乾，這也是保存上的一大重點。

1 將昆布切成寬2mm的條狀。香菇泡水還原後，切掉蒂頭，切4等分後再切成寬2mm的條狀。

2 將1和Ⓐ倒入鍋內開火，煮滾後轉小火，一邊熬煮一邊不斷地用筷子拌合。

Tip! 煮到湯汁收乾為止。

醬漬昆布絲小魚乾

卡嗞卡嗞有嚼勁的醬漬口味，
適合常備保存，
或是作為減肥時的零嘴。

醬油醃漬

冷藏保存
1週

材料【完成分量約15g】

昆布絲 —— 5g

魩仔魚 —— 5g

Ⓐ 醬油、味醂 —— 各1大匙
　砂糖 —— 1小匙
　烘焙白芝麻 —— 1大匙

作法

1 用料理剪刀將昆布絲的長度剪對半，放入鍋內，加入魩仔魚開火，用木鏟翻煎，讓水分蒸發。

2 待1煎至酥脆時，倒入Ⓐ混合拌勻，直到湯汁收乾後關火，盛放到廚房紙巾上，待降溫冷卻後即完成。

材料【完成分量約100g】

海苔（原狀）⋯⋯ 5片

Ⓐ 醬油 ⋯⋯ 100ml
砂糖、味醂 ⋯⋯ 各1大匙

作法

料理小知識
即使使用受潮的海苔也能很美味。可以將用剩的海苔再充分靈活運用。

1 廚房紙巾整個打濕後，將海苔包覆。海苔全部浸濕後，取下廚房紙巾，用手輕輕擠掉海苔的水分。

2 將 **1** 和 Ⓐ 倒入鍋內開火，煮滾後轉小火，不斷地用木鏟攪拌直到湯汁收乾為止。

Tip! 小火慢煮。

醬漬海苔

製作不過於甜膩、海潮氣息十足的保存食，調味料請依個人喜好口味適量添加。

醬油醃漬

冷藏保存
1週

分送他人或當作伴手禮時
包裝巧思 DIY

精心製作完成，將手作的幸福傳遞出去。
難得的手作料理，試著花點巧思簡單包裝一下吧！

COLUMN
2

麻繩

即使是裝在一般的空瓶裡，只要在瓶口覆蓋上蕾絲襯紙或布巾，再用麻繩捲繞打個蝴蝶結，就像是市售的包裝品一樣。

蕾絲襯紙

在琺瑯等容器上方，覆蓋一層蕾絲襯紙，有種忽隱忽現的視覺效果，再用棉繩綁個十字結，簡單完成，也可以將蕾絲襯紙墊在容器內的底部作為擺盤裝飾。

紙膠帶

最近有愈來愈多不同花樣的紙膠帶，可以捲繞貼在瓶身裝飾，出門前貼一下，只要數秒即可完成包裝，也不用擔心瓶蓋脫落的問題。

十字包袱巾

小型或罐裝容器，可用布巾打個十字結就很可愛大方。利用桌巾或手布巾也OK，再搭配條新手帕變成套組一起贈送，好感度絕對提昇的禮物。

88

第 4 章

無添加物最放心、
自己手作最美味

躍躍欲試的
手作食品

朝向味噌或培根、義大利麵、麵包等更高階的手作料理挑戰
吧。猛一看也許會覺得很難，但製作一次後，第二次、第三次
真的會愈來愈上手。我也是因為先生想吃，才開始嘗試手作燻
製品，一試就迷戀上這個滋味，透過食材的變化，製作起來更
加樂趣無窮。

味噌

只有手作的，才能品嚐到
無添加物的天然風味。
經過1年、2年自然熟成，
味道是愈陳愈香。

冷藏或是
陰涼處保存
數年
視狀況儘早食
用完畢。

3 「鹽和麴混合」之作法，將撥鬆後的米麴和鹽a放入壽司桶（或是大調理碗）裡混合一起，用兩手一邊輕輕地揉捏，一邊將鹽抹入麴裡。

4 用漏勺撈起 **2** 的⅓量放入果汁機裡（用搗泥具或擀麵棍壓碎也OK），啟動攪拌至呈黏稠狀為止，然後移入調理碗等容器內。

5 軟硬程度大概要如同耳垂，如果太硬，請加入煮大豆的水進行調整，剩下的大豆也是依同樣步驟進行。

材料【完成分量約2kg】
大豆 ── 500g
水 ── 1500ml
米麴 ── 500g
鹽a（混合米麴用）── 200g
鹽b（保存時用）── 50g
日本燒酒（酒精濃度35度以上、消毒用）── 少許

工具
鍋子、壽司桶或調理碗（直徑40〜45cm）、果汁機、4ℓ以上容量的琺瑯保存容器、噴霧器、重石（1kg）（p.8）

作法

1 將大豆洗淨放入調理碗內，加入等量的水浸泡一晚。

2 將 **1** 連同浸泡的水倒入鍋內並開火，煮滾後轉小火，熬煮2小時以上，直到大豆軟化至用手指一捏就碎的程度為止。

9 從上方用手邊按壓邊擠出空氣，將表面壓至平整。將鹽b撒滿於整個表面，像加了蓋子一樣，然後用保鮮膜大小一致地覆蓋住整個表面，以防止和空氣接觸。

10 在上方壓入重石，蓋上保存容器的蓋子。

11 用紙張將保存容器整個包覆，以防止沾附灰塵或雜菌入侵，在紙張上寫上製作日期，放至陰涼處保存，約半年左右即完成。

6 趁尚有餘溫，將5移入3的壽司桶內，和混合後的米麴、鹽一起攪拌，全部拌勻後融合在一起。

7 分作4等分，用兩手左右傳接，將空氣排出，最後完成一顆顆的味噌球。

8 將裝好日本燒酒的噴霧器，伸入保存容器內側噴灑，然後就像將7的味噌球砸向保存容器底部一樣，緊密地放入。

Tip! 將味噌球壓平貼於容器底部，以防止空氣進入。

製作完成後還要勤奮地查看

熟成所需時間

製作完成的時間若是在12月～3月期間，約需7個月，若是在4～8月期間，約需5個月，9～11月期間的話，則約需6個月。顏色若從白色變成深褐色、表面釋出很多如同醬油的醬汁的話，即為熟成。

上下翻攪

製作完成後經過2個月左右，會釋出醬汁，這個醬汁就是所謂的純大豆醬油，可以取出作為一般醬油使用。請將味噌充分攪拌混合後再次裝回乾淨的容器內（上下翻攪），待自然熟成。

關於熟成後之保存

熟成後，連同容器直接放入冷藏保存。因為繼續放置會持續發酵，所以如果想要品嚐不同時期、不同發酵程度的口感，請分裝至小容器後，移至陰涼處存放。

注意發霉

每1～2個月就要查看一下，若是發現表面上有發霉時，請挖除後再將表面整平，更換新的保鮮膜包覆後，重石不用再壓入，再直接原紙張包覆，寫上查看日期後，蓋上蓋子。

材料【完成分量約1kg】
大豆 —— 250g
米麴 —— 250g
鹽 —— 120g

工具
密封夾鏈袋（大）、
調理碗、重石（500g）

利用密封夾鏈袋，
也能釀製大豆促使熟成。

利用密封袋快速製作味噌

作法

1 同p.91「味噌」的作法 **1**～**2**。

2 事先取好1杯煮完大豆的汁液，大豆放在濾網上，待熱度減退後，放入密封夾鏈袋，然後用擀麵棍從袋子的上方敲打，並用手搓揉、按壓至如同耳垂般的軟硬度為止（如果太硬，請加入煮完大豆的汁液進行調整）。

3 將鹽、米麴放入調理碗內，充分攪拌混合。

4 將 **3** 加入 **2** 內均勻混合，將袋內空氣擠出整平，封閉袋口（A）。放至托盤（或餅干空盒）上，壓入重石（B），放至陰涼處半年以上待熟成。之後可不時從袋子的上方用**手**揉捏確認是否熟成。

（A）

★味噌製作完成後，分成小包裝放入冷藏保存。

（B）

推薦這款不需塑形的「竹簍豆腐」。
大豆原始的濃純香，在嘴裡滿溢化開。

冷藏保存
1 天

作法

1 將大豆洗淨放入調理碗內，倒入水 a 浸泡一
晚。將大豆連同浸泡的水，分數次放入果汁機
內，啟動攪拌至呈黏稠狀。

材料【完成分量約500g】
大豆 —— 300g
水 a —— 900ml（大豆量的3倍）
水 b —— 1000ml
鹼水 —— 1大匙

工具
果汁機、25cm×25cm的豆漿濾袋、竹簍、
布巾（p.9）、溫度計（p.9）

6 放上鍋子開火，利用溫度計控制火候保持在 75～80度，將鹼水順著木鏟等以繞圓方式慢慢地倒入鍋內後關火。

7 用木鏟緩慢地像是在鍋裡劃十字般地來回攪拌 2～3次，目的在使豆漿和鹼水均勻混合，之後蓋上蓋子靜置20分鐘。

8 將竹簍放在調理盤上，竹簍內鋪上用水浸濕的布巾，將**7**填裝至竹簍，靜置30分鐘左右瀝乾水分。

料理小知識

鹼水的分量一般大約是當次所擠出豆漿的 1%，但是依不同的廠牌，使用量也會有所不同，請遵循使用說明的指示。

2 將**1**移入鍋內，倒入水 b 混合後開火，為防止燒焦，用木鏟等從鍋底不停翻攪。

3 快要沸騰時就關火，放置20分鐘待熱度減退，如果過度沸騰，會瞬間大量起泡，所以請注意火候的控制。

Tip! 控制火候不使起泡。

4 將**3**慢慢地移入豆漿濾袋內，搾出的豆腐汁液（豆漿）則用另外的鍋子盛裝。

5 豆漿濾袋口捲緊筷子，然後再用料理夾等充分地推擠出豆漿，約可擠出1500ml的豆漿。

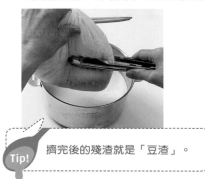

Tip! 擠完後的殘渣就是「豆渣」。

義大利培根

義大利的大眾料理，也就是鹽漬豬肉。
生豬肉直接醃漬1個月，細嚼逐漸熟成的美味。

1個月
熟成
TRY

冷藏保存
1週

3 將迷迭香捏成細碎狀，撒在 **2** 的全體表面上。

4 用吸水透明膜包覆 **3**，放入調理盤內，冷藏靜置約1個月，每1週查看一下狀況，並適度更換吸水透明膜，才能充分脫去肉塊的水分。

Tip! 勤換吸水透明膜。

5 完成時間約1個月，用保鮮膜包覆後放入冷藏保存。

材料【完成分量約100g】
豬五花肉塊 —— 250g
A 粗鹽 —— 1½小匙
砂糖、粗粒黑胡椒 —— 各½小匙
迷迭香（生）—— 1株

工具
食品用吸水透明膜（p.8）

作法

1 用竹籤插刺整塊豬肉，使味道更容易融入。

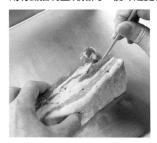

2 將混合後的 **A** 充分地按壓滲入 **1**。

料理小知識

即使突然有客人來訪，切成薄片盛盤，立即變身華麗的冷盤。添加到湯品、義大利麵、披薩等當作配料提鮮也OK。

3 平底鍋內鋪上鋁箔紙，鍋蓋的內側也包上鋁箔紙，將焙茶、粗砂糖撒入鋪滿整個鍋內。

4 開火約煮5分鐘，煙冒出時轉至中小火。將**2**放至烤網上並置入鍋內，蓋上鍋蓋，約煙燻40分鐘。關火約靜置10分鐘，利用餘溫繼續悶煮，讓肉塊色澤更加飽滿。

Tip! 利用餘溫增進色澤。

料理小知識

肉類或魚類都必須用吸水透明膜包覆，才能充分脫去水分。豬肉進行脫水1週以上後，再經過煙燻處理，肉質緊實的培根就製作完成了。

材料【完成分量約200g】
豬五花肉塊 —— 500g
Ⓐ 粗鹽 —— 1大匙
粗粒黑胡椒 —— 2小匙
迷迭香（生）—— 1株
月桂葉 —— 2片

工具
焙茶1杯、粗砂糖1～2大匙、
食品用吸水透明膜（p.8）、附蓋深平底鍋、
烤網（和平底鍋的直徑相吻合）（p.9）、料理夾（p.9）

作法

1 用竹籤插刺整塊豬肉，使味道更容易融入。將混合後的**Ⓐ**充分地按壓滲入肉塊。

2 將**1**鋪放至吸水透明膜上，將迷迭香、月桂葉捏碎撒上後包覆，放入調理盤。冷藏進行脫水，經過3天後更換新的吸水透明膜，再放置1週左右進行脫水。

作法

1 將鮭魚用吸水透明膜包覆，放入冷藏半天時間進行脫水。

Tip! 魚身充分脫水。

2 平底鍋內鋪上鋁箔紙，鍋蓋的內側也包上錫箔紙，將焙茶、粗砂糖撒上鋪滿整個鍋內。開火約煮5分鐘，煙冒出時轉至中小火。將**1**放至烤網上並置入鍋內，蓋上鍋蓋，約煙燻15分鐘。

3 關火約靜置10分鐘，利用餘溫繼續悶煮後即完成。

料理小知識

生魚片的鮭魚也可以用於燻製，整塊未切的生魚片150g配上鹽²⁄₃小匙、胡椒¹⁄₃小匙、砂糖¼小匙，撒至魚身，和「薄鹽鮭魚」一樣須進行脫水程序，之後只要煙燻5分鐘即完成「煙燻鮭魚」。

材料【3片的量】

鮭魚（薄鹽）⋯⋯3片

工具

焙茶30g、粗砂糖2大匙、
食品用吸水透明膜（p.8）、
附蓋深平底鍋、
烤網（和平底鍋的直徑相吻合）（p.9）

燻製
TRY

冷藏保存
1~2天

煙燻鮭魚

採用薄鹽鮭魚製作的話，就不需要另外塗抹調味料，當天即可完成。吸收煙燻的香氣後，豪華料理輕鬆上桌。

燻製 Q & A

Q 砂糖 採用粗砂糖合適嗎？

A 砂糖有促進煙生成以及讓食材易於上色這兩種功用。燻製本身就會將食材燻染成焦糖色，所以建議採用高溫下較不易受熱融解的粗砂糖是最理想的。

Q 很怕煙燻產生的味道

A 一旦燻製過一次後，味道就會附著在鍋子上，所以可以將鍋子和鍋蓋的內側用鋁箔紙包覆，以隔離味道。如果有要淘汰的鍋子也可以拿來作為燻製專用鍋。因為是利用空燒鍋子的方式進行煙燻，所以請不要使用鐵氟龍製品。

Q 什麼茶葉都可以嗎？

A 茶葉是煙燻時散發出微微茶香味的要素，這次是採用香氣濃厚的焙茶，其他像是日本茶、中國茶、紅茶、香草茶等，各式各樣的茶葉都能使用。家裡如果有煙燻專用的木屑也OK。若想要另外加入月桂葉等香草，鋪放在茶葉上即可。

Q 培根內部沒燻熟

A 鍋內鋪上新的茶葉後再煙燻一次，或是切一切加入熱炒或燉煮料理。燻製品搭配上其他菜色，也是非常美味。

Q 煙燻時 冒出的煙沒關係嗎？

A 煙燻時多少都會有煙冒出，因為帶著茶葉的香氣尚能接受。但是請一定要保持通風。煙冒出時，常有人在中途慌張地將火轉小或關掉，但冒出的煙是燻製品美味的關鍵，所以就暫且忍耐一下吧。

月桂葉

煙燻專用木屑

中國茶　　玫瑰果　　　焙茶

挑戰短時間內醒麵作業，
手打的Q彈口感，
請細細品嚐。

手打
TRY

冷凍保存
3週

材料【2人份】
中筋麵粉 ⋯⋯ 200g
　（或是低筋麵粉、高筋麵粉
　　⋯⋯ 各100g）
鹽 ⋯⋯ 10g
水 ⋯⋯ 90ml
手粉（中筋麵粉）⋯⋯ 適量

工具
擀麵棍、有的話就準備揉麵板

作法

1 將水和鹽拌勻調成鹽水，將中筋麵粉倒入調理碗內，接著加入一點鹽水。

2 用手抓捏麵粉均勻混合，再將剩餘的鹽水慢慢地倒入，使麵粉浸濕。

3 水分遍佈整個麵粉後，邊折壓邊揉捏約30分鐘。

4 待麵團的表面呈現光滑狀後，再揉成團狀。

5 放入密封夾鏈袋，在室溫（28～30度）下靜置2～3小時。沒有馬上要吃的話，就裝入密封袋冷凍保存，要製作時再拿出來自然解凍後，進行下一階段 **6**。

Tip! 冷凍保存的話，做到此階段即可。

8 切成寬5mm的條狀後撒上手粉,用手輕輕地撥開麵條,以防止麵條黏在一起。

料理小知識

如果是在低溫的冬天製作,要拉長揉麵的時間。若是將鹽水溫度控制在40度左右,會加快麵團出筋的速度。

6 在揉麵板和擀麵棍上,撒上大量的手粉,用擀麵棍將麵團擀成厚2mm的麵皮。

7 將手粉撒在 **6** 的表面上,將麵皮下上¹/₃的部分,分別摺向中央處。

只要用大量滾水約煮10分鐘,煮至麵條呈現透明感即可撈至濾網上,再倒入溫熱的鰹魚露即完成。建議當天就食用完畢,但如果有剩餘的麵條,平均分裝成1次要煮的量後,用保鮮膜包覆放入冷凍。

材料【2人份】

Ⓐ 蕎麥粉 ── 200g
┃ 中筋麵粉 ── 50g
水 a ── 100ml
水 b ── 10ml
手打蕎麥麵用手粉（一般會和蕎麥粉合售）── 適量

工具
擀麵棍、有的話就準備揉麵板

手打
TRY

冷凍保存
3週

要做出上等的蕎麥麵，關鍵在於將麵粉材充分揉捏至呈現光滑狀的程度。

蕎麥麵

作法

1 將Ⓐ倒入調理碗內，用打蛋器攪拌混合，將水a慢慢地往中間凹槽倒入，外圍的粉會順著滑落至凹槽浸濕。

3 將水b以繞圈方式倒入，搓揉的要領為將麵粉輕柔地握於掌心搓合，直到變成直徑1cm左右的顆粒塊狀為止。

2 用手指揉捏2～3分鐘至整體呈生麵包粉狀為止，如果有結塊，請用手指壓捏散開。

4 將3揉合為一，移至撒上手粉的揉麵板上。以兩手揉捏麵團的同時，再加上身體的重量，強力施壓於麵團上。

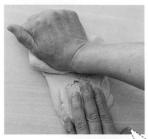

Tip! 加上身體重量揉捏麵團。

料理小知識
如果有蕎麥麵專用切刀會比較方便，它比一般刀子的刀刃長、重量也較重，如果要用一般刀子切的話，請注意麵條的下端要確實切斷。

7 用刀子切成寬3mm的條狀，為防止麵條黏在一起，輕輕地撥開麵條，切好的麵條撒上手粉後即完成。

5 麵團揉捏至產生彈性後，再揉成團狀，用手掌從上方平均往下壓成一個圓盤狀，一邊撒上手粉、一邊用擀麵棍擀薄。

6 擀成厚2〜3mm的四角形狀，撒上手粉，將麵皮從靠自己這一側向上對摺，再一次撒上手粉，再一次向上對摺，一共是四摺。

將蕎麥麵放入滾水約煮1分鐘後撈至濾網上，再倒入溫熱的鰹魚露裡即完成。建議當天就食用完畢，但如果有剩餘的麵條，平均分裝成1次要煮的量後，用保鮮膜包覆放入冷凍。

工具
擀麵棍、有的話就準備揉麵板

材料【4人份】
Ⓐ 高筋麵粉 ⋯⋯ 100克
低筋麵粉 ⋯⋯ 200克
杜蘭粗粒小麥粉 ⋯⋯ 100g
鹽 ⋯⋯ ¼小匙
散蛋 ⋯⋯ 3顆的量
橄欖油 ⋯⋯ 1大匙
手粉（高筋麵粉）⋯⋯ 適量

手打
TRY

冷凍保存
1~2週

義大利生麵

以雞蛋代替水融入材料的義大利麵。
不需靠機器也能製作。

料理小知識

杜蘭粗粒小麥粉是由小麥粗
磨而成，其特徵是帶有一點
金黃色澤，口感吃起來有嚼
勁，所以多半被用來製作義
大利麵、古斯米（蒸粗麥
粉）等。

5 揉捏至如同耳垂的軟硬程度後,再揉成團狀,用保鮮膜包覆後,在室溫(28〜30度)下靜置1小時左右。

Tip! 靜置1小時。

6 將麵團切成4等分,一個個用手掌壓平。

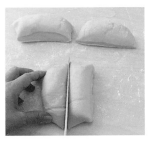

7 在揉麵板和擀麵棍上撒上手粉,將麵團下上來回擀成厚度一致的麵皮,中途轉向90度,同樣上下來回擀平。

作法

1 將Ⓐ以濾網過篩到調理碗裡,從較高位置拍打濾網側邊,使3種麵粉均勻混合落下。

2 在麵粉的中間做出一個凹槽,將散蛋倒入凹槽內。

3 擺動傾斜調理碗,使散蛋從中間流動遍及到麵粉的各處,並用手快速地翻攪混合,攪拌到一定程度後,倒入橄欖油攪拌混合。

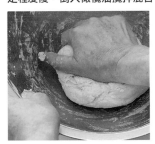

4 將3移至撒上手粉的揉麵板上,以兩手揉捏麵團的同時,再加上身體的重量,強力施壓於麵團上。

用簡單的烹調方式，品嚐手工義大利麵的風味

香蒜辣椒義大利麵

材料【2人份】

義大利生麵 ⋯⋯ 2人份

Ⓐ 大蒜切薄片 ⋯⋯ 2瓣的量

｜紅辣椒 ⋯⋯ 1根

｜橄欖油 ⋯⋯ 50ml

鹽、胡椒 ⋯⋯ 各少許

義大利香芹切細末 ⋯⋯ 1大匙

作法

1 在加入鹽（材料分量外）的熱水裡，放入義大利生麵煮3～5分鐘，先用圓湯勺取一瓢湯汁備用，再將義大利麵撈起放至濾網濾掉湯汁。

2 將Ⓐ放入平底鍋並開火，爆香後先關火，加入 **1** 備用的湯汁，再次開火，沸騰後加入 **1** 的義大利麵，並加鹽、胡椒調味，最後撒入義大利香芹拌勻即完成。

8 麵皮擀至約厚1.5mm（可透視看到手）的程度即OK。

Tip! 麵皮擀至可透視看到手的程度。

9 在麵皮的表面撒上手粉，上下各向內摺疊，摺成三摺。

10 輕輕拉伸上下麵皮，切成寬5mm的條狀。

11 將麵條一條條地解開，在下鍋煮之前，為防止麵條黏在一起，撒上手粉。建議當天食用，或是平均分裝後冷凍。

⑪ 圓餅皮的邊緣預留3cm的空間,餅皮上鋪滿自己喜歡的食材,放入預熱250度的烤箱約烤15分鐘。

⑨ 將 **8** 翻面,底部朝上,用稍微撒上手粉的掌心下壓擠出空氣的同時,力道平均向下壓成扁圓形。

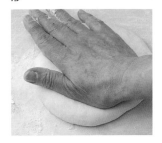

> **料理小知識**
>
> 量做得比較多時,在 **8** 的階段,用保鮮膜包覆後,放入密封夾鏈袋等冷凍保存。要使用時再取出自然解凍就OK。

⑩ 將麵團擀成扁平的圓餅皮,大小約達到直徑15cm左右,之後在圓餅皮底下鋪上烘焙紙,再將圓餅皮擀薄至直徑20～25cm的大小。

Tip! 冷凍保存的話,做到此階段即可。

滿滿的起司,披薩的招牌口味

瑪格麗特披薩

材料【1張披薩的量】
披薩餅皮 ⋯⋯ 1張的量
橄欖油 ⋯⋯ 1大匙
Ⓐ 莫札瑞拉起司(切成1cm的厚度)⋯⋯ 125g
　小蕃茄(切成5mm的厚度)⋯⋯ 6顆的量
　培根切薄片 ⋯⋯ 適量
　洋蔥切薄片 ⋯⋯ ¼顆的量
披薩用起司 ⋯⋯ 65g
鹽、胡椒 ⋯⋯ 各少許

作法

在 **10** 的餅皮表面塗上橄欖油,並將Ⓐ鋪滿於整個餅皮,撒上披薩用的起司、鹽、胡椒。放入預熱250度的烤箱約烤15分鐘,出爐後依個人喜好適量撒上羅勒葉。

常溫保存
3~4天

發酵
TRY

奶油麵包捲

從揉捏、發酵、成形、烘烤，每個階段都要花費不少工夫，但鬆軟的麵包一出爐時，令人感到格外喜悅。

作法

1 事先將奶油置於室溫下軟化。將Ⓐ倒入調理碗內，用打蛋器均勻攪拌混合，中間做出一個凹槽，將乾酵母粉倒入凹槽內，再倒入蛋液，用手攪拌混合。

2 混合到一定程度後，移至撒好手粉的揉麵板，將奶油捏碎撒上。壓著麵團的邊緣，用單手揉開麵團、再重疊，並甩打在揉麵板上，重覆動作直到麵團呈現光滑狀為止。

Tip! 充分揉捏
10～15鐘。

材料【10個的量】

Ⓐ 高筋麵粉 —— 260g
低筋麵粉 —— 40g
砂糖 —— 25g
鹽 —— 1小匙
奶油（無鹽）—— 30g
乾酵母粉 —— 2小匙
蛋液（散蛋1顆量和40度的溫水調和）—— 200ml
散蛋（製作完成時用）—— 適量
手粉（高筋麵粉）—— 適量

工具

擀麵棍、料理刷、有的話就準備烘焙用刮板、揉麵板

料理小知識

冬天室溫也很低，似乎無法一次就發酵完成，這時可以準備一個口徑大的盆子，盛入30度的溫水，將裝著麵團的調理碗浸入盆子水中，用保鮮膜整個包覆，增加一些熱度。

6 揉麵板及擀麵棍撒上手粉,用擀麵棍將 **5** 擀成約長20cm的水滴形狀,從較寬的部分一圈一圈地捲上來,捲到最後,翻面朝下。

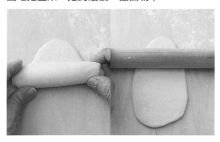

7 有間隔地並列排放於烤盤上,覆蓋上一層保鮮膜,放入預熱30度的烤箱裡,進行發酵40分鐘(二次發酵),直到膨脹到1.5倍大為止。

Tip! 膨脹到1.5倍大
即二次發酵完成。

8 用料理刷沾附散蛋,在麵團表面上塗上薄薄的一層,放入預熱200度的烤箱裡約烤13分鐘。

3 揉至麵團表面呈現光滑狀後,再揉成團狀,塗上少許奶油(材料分量外)後,放入調理碗,用保鮮膜包覆,置於室溫(28~30度)下,直到膨脹到1.5~2倍左右,約需發酵40分鐘(一次發酵)。

4 觀察發酵狀況,用食指沾一下手粉後,朝麵團中間插入到食指的第二關節處,如果洞維持不變,表示一次發酵完成。如果洞閉合,就回到 **3** 的階段,觀察5~10分鐘。

5 將麵團移至撒上手粉的揉麵板上,用手掌輕柔地壓平後,用刮板或刀子切成10等分,切口向中央捲入捏成團狀,蓋上沾濕擰乾後的布巾,於室溫下靜置約10分鐘。

Tip! 麵團靜置
10分鐘。

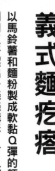

義式麵疙瘩

以馬鈴薯和麵粉製成軟黏Q彈的麵疙瘩，利用叉子壓出一條條溝形，可以確實地沾附上醬料。

冷凍保存
2週

材料【4人份】

馬鈴薯（可以的話採用男爵品種）
　　…… 500g
低筋麵粉 …… 80g
奶油（無鹽）…… 20g
散蛋 …… 1顆的量
鹽、胡椒 …… 各¼小匙
手粉（低筋麵粉）…… 適量

工具

手持攪拌器或搗泥器、有的話就準備揉麵板

作法

1 馬鈴薯去皮，切成一口大小，放入耐熱容器，用保鮮膜包覆後送入微波加熱12分鐘左右。趁熱時用手持攪拌器攪拌至糊狀。

2 奶油切小塊加入到 **1**，充分融解攪拌混合，待散熱後，慢慢地加入鹽、胡椒、散蛋，同時一邊用木鏟充分均勻攪拌混合。

> **料理小知識**
> 將可增添麵糊黏性的材料量減少一些，可以凸顯馬鈴薯鬆軟的口感。儘可能希望當天就食用完畢，如果要冷凍的話，請裝袋後再冷凍保存。

5 切成4等分，一一搓成直徑1cm的繩狀。

6 將**5**切成長2cm的塊狀，利用叉子輕壓製造出溝形，稍微撒上手粉即完成。盛滿水煮滾，放入麵疙瘩約煮2分鐘，浮至水面上則表示已煮熟。

3 將低筋麵粉撒入至 **3** 內，用木鏟等直接攪拌混合。

4 全部濕潤後，移至撒上手粉的揉麵板上，合而為一揉成棒狀。

沾染羅勒醬的濃厚香氣

羅勒醬麵疙瘩

材料【2人份】
麵疙瘩⋯⋯2人份
羅勒醬（p.126）⋯⋯2大匙
帕瑪森起司磨成粉、羅勒葉（裝飾用）
　⋯⋯各適量

作法
將加熱後的羅勒醬放入調理碗內，倒入已煮熟並瀝乾水分的麵疙瘩，一起攪拌混合，盛盤撒上帕瑪森起司，鋪上羅勒葉裝飾。

手工捏製
TRY

冷藏保存
2~3天

材料【30顆的量】
高筋麵粉 —— 200g
鹽 —— ½小匙
豬油 —— 1大匙
溫水（40度）—— 150ml
手粉（高筋麵粉）—— 適量

工具
擀麵棍、有的話就準備揉麵板、烘焙用刮板

作法

1 將高筋麵粉、鹽、豬油倒入調理碗內，一邊慢慢倒入溫水，一邊用手指攪拌混合。麵粉很容易沾附在手上，所以也可以用筷子攪拌。

2 將 **1** 移至撒上手粉的揉麵板上，用手揉捏直到如同耳垂般的軟硬程度。

3 將 **2** 揉成團狀放入調理碗內，覆蓋上保鮮膜，在室溫（28～30度）下靜置30分鐘以上。

4 待麵團表面呈現光滑狀、具光澤感時，移至撒上手粉的揉麵板上，分成3等分，一一搓成約直徑2cm的棒狀，再用刮板或刀子各切成10等分。

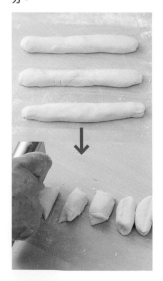

水煮一下Q彈十足！

水餃

材料【30顆的量】

餃子皮 ── 30張

白菜切細絲 ── 100克

Ⓐ 雞絞肉 ── 150克

　韭菜（切粗末）── 50克

　生薑（切細末）── 40克

　醬油 ── ½大匙

　鹽、砂糖 ── 各½小匙

　辣油 ── 1小匙

作法

① 白菜撒上少許的鹽（材料分量外）加以搓揉，將水分充分擰乾。將Ⓐ加入攪拌混合，直到呈現黏稠狀為止，等量包入餃子皮內。

② 水煮滾後，將 1 放入鍋內，水餃浮上水面後再煮個1～2分鐘，用漏勺將水餃撈出。依個人喜好口味，可搭配醋醬油、辣油等一起沾著吃，也可加到中華湯品裡作成湯餃。

⑤ 沾一些手粉在手上，在揉麵板上將 4 一個個搓成圓圓的麵球，靠著大拇指根部的位置，將麵球塑圓。

⑥ 將高筋麵粉大量地撒在揉麵板及擀麵棍上，將 5 一邊來回滾動，一邊用擀麵棍擀約直徑8cm的扁圓形，餃子皮即完成。

方便又可愛大方
標籤貼紙 DIY

製作保存食時不可缺少的標籤貼紙。難得的手作料理，
希望大家能利用方便又時尚的標籤貼紙來進行加分！以下就介紹幾款簡單快迅的裝點巧思。

利用不要的邊布，
作成布標籤。

將5～10cm大小的四角形邊布，作為布標籤寫上製作日期，將邊布一側的角邊綁上橡膠圈後，套在保存瓶罐上。相較於紙張標籤，多了一份溫馨的感覺。

標籤紙
就算不是貼紙式的，
也可以用紙膠帶
浮貼其上。

背面不是貼紙式的標籤紙，用紙膠帶浮貼其上也OK。如果要作為禮物還可以在上面留言，撕下標籤紙時，也不會有膠水殘留的問題。

紙膠帶除了有很多漂亮花色之外，最吸引人的是還可以在上面寫字。在紙膠帶上寫上製作日期和料理名稱，可以一手撕黏非常方便。

可以直接在
紙膠帶上寫上製作日期
和料理名稱。

118

第 5 章

有益身體健康、美味的關鍵物

手工自製的
醬汁&調味料

平常大多是直接購買市售現成的調味料，但是特地鑽研必較嚴選的食材，若使用含有添加物的市售調味料，一定會影響食材的風味，這樣一來就太可惜了。對身體既健康又不會流失美味，還是要手作才辦得到吧。還有，如果將醬汁先做起來備放，做菜臨時要用到的話，就能立即派上用場了。

蕃茄醬

採用罐裝蕃茄製作超簡單，
全部材料丟進果汁機一鍵按下，就能製作出滑順的口感。

冷藏保存
4~5 天

冷凍保存
1 個月

2 將 **1** 移入鍋內開火，加入去籽後的辣椒、月桂葉，煮滾後撈出浮沫，轉至小火約煮8分鐘。為防止燒焦，過程中要一邊用木鏟仔細翻攪。

3 煮到量縮至一半時，將 Ⓐ 倒入攪拌混合，再約煮5分鐘後，倒入乾淨的容器冷藏保存。如果不要加入月桂葉及紅辣椒的話，可裝入密封夾鏈袋冷凍保存。

搭配菜色

除了一般常搭配的披薩或義大利麵之外，還可以作為歐姆蛋的醬料、燉煮魚或肉類料理的基底湯汁，可說是萬用無敵醬。因為有帶點辣味，如果要給小朋友吃，材料就不要加入紅辣椒。

材料【方便製作的分量】

蕃茄罐頭 ── 1罐（400g）

洋蔥 ── 50g

大蒜 ── 1瓣

紅辣椒 ── 1根

月桂葉 ── 1片

Ⓐ 砂糖 ── 1小匙
　 醋 ── 2小匙
　 鹽 ── ½小匙
　 胡椒 ── ¼小匙

工具

果汁機

作法

1 將蕃茄及切成粗末的洋蔥、大蒜放入果汁機，啟動開關攪碎至滑順狀為止。

Tip! 用果汁機攪碎，易於入口。

料理小知識

採用夏季生產的蕃茄，挑戰製作清爽的醬料。將4顆完全熟成的蕃茄，一一切成4等分並將種籽挖除，放入果汁機一鍵按下立即完成。種籽挖除後水分會減少，所以要在短時間內完成料理。

蕃茄肉醬

冷藏保存
4~5天

冷凍保存
1個月

鮮甜的肉醬滿溢，
加入蜂蜜提出甜味，
乃是提昇風味的祕訣。

2 橄欖油倒入鍋內加熱，放入絞肉熱炒，炒至絞肉變色後，將 **1** 除蕃茄之外，全部加入鍋內一起翻炒。

3 最後將 **1** 的蕃茄及湯塊加入均勻攪拌，煮滾後轉小火繼續熬煮，再加入蜂蜜、鹽均勻調味後即完成。倒入乾淨的保存容器內冷藏保存，或是裝入密封夾鏈袋冷凍保存。

Tip! 以蜂蜜提味。

料理小知識

小包分裝冷凍保存，和起司一起鋪在吐司上，烤出披薩風味，也能加到蔬菜裡一起熱炒，或是用來為料理增添變化也非常方便。

材料【方便製作的分量】

混合絞肉 ⎯⎯ 200g
洋蔥 ⎯⎯ 中型1顆
紅蘿蔔 ⎯⎯ ½根
大蒜 ⎯⎯ 1瓣
蕃茄罐頭 ⎯⎯ 1罐（400g）
湯塊 ⎯⎯ 1塊
蜂蜜 ⎯⎯ 2大匙
鹽 ⎯⎯ 少許
橄欖油 ⎯⎯ 1大匙

工具
料理剪刀

作法

1 如果蕃茄罐頭是屬於整粒蕃茄的形態，可以先用料理剪刀伸入罐內，將蕃茄剪碎，會比較方便。接著將洋蔥、紅蘿蔔、大蒜切成細末。

材料【2人份】
馬鈴薯 ⎯⎯ 3～4小顆
肉醬 ⎯⎯ 適量

作法

1 將馬鈴薯充分洗淨後削皮，水煮至軟化後，切成方便入口的大小。

2 將 **1** 裝盤，淋上加熱後的肉醬。

※煎馬鈴薯或是烤洋芋淋上此醬，也非常好吃。

搭配菜色

搭上鬆軟的馬鈴薯，簡直絕配。

蕃茄肉醬馬鈴薯

白醬

手作的白醬綿密濃稠，
攪拌的手法控制得宜的話，肯定不會失敗。

材料【完成分量約200ml】
奶油 ⋯⋯ 20g
低筋麵粉 ⋯⋯ 20g
牛奶 ⋯⋯ 200ml
鹽 ⋯⋯ ½小匙
胡椒 ⋯⋯ ¼小匙

冷藏保存
2~3天

冷凍保存
1個月

作法

1 將奶油放入平底鍋開小火，待奶油融化後，慢慢地倒入低筋麵粉，用木鏟迅速攪拌混合。

Tip! 麵粉慢慢倒入，並迅速攪拌。

2 牛奶慢慢倒入，奶油會變得愈來愈滑順。中途如果感覺快要燒焦的話，暫時先把火關掉，利用餘溫進行攪拌。

3 全部攪拌均勻後，撒入鹽、胡椒即完成。依個人喜好可增減牛奶及鹽量。放入乾淨的保存容器冷藏保存，或是裝入密封夾鏈袋冷凍保存。

搭配菜色

烘烤後濃稠美味的醬料，一等一的絕品。

焗烤彩蔬

材料【2人份】

雞胸肉 —— 100g
紅蘿蔔 —— ½根
蕪菁 —— 2顆
洋蔥 —— ½顆
鴻禧菇 —— ½袋
白醬 —— 200克
奶油 —— 20克
鹽、胡椒 —— 各少許
麵包粉、起司粉、香芹（切碎末）—— 各適量

作法

1 雞肉、紅蘿蔔、蕪菁切成一口大小，洋蔥切薄片，鴻禧菇根部切除後掰成小朵。

2 奶油放入鍋內加熱融化，依序將雞肉、紅蘿蔔、洋蔥、蕪菁、鴻禧菇入鍋熱炒，炒熟後加入鹽、胡椒後關火。

3 在耐熱容器的內側塗抹奶油（材料分量外），將2倒入後淋上白醬，撒上麵包粉、起司粉。

4 放入預熱200度的烤箱，將3烤至恰到好處呈現金黃色為止，最後撒上香芹（巴西里）即完成。

料理小知識

奶油和小麥粉這類食材，須盡速攪拌，以免結塊。依個人喜好煮至合適的軟硬程度時，請立即關火。

羅勒醬

新鮮的羅勒香氣四溢，用果汁機攪拌快速方便，一下子就製作完成。

材料【完成分量約150ml】

Ⓐ 橄欖油 —— 100ml
　　鹽、胡椒 —— 各¼小匙
　　大蒜碎末 —— 2小匙
羅勒葉 —— 50片（35g）

工具
果汁機

料理小知識

移入保存容器後，從上方倒入約5mm高的橄欖油以隔絕空氣，可延長保存時間。

冷藏保存
1週

冷凍保存
1個月

作法

1 將Ⓐ倒入果汁機，啟動攪拌約5秒。

2 加入羅勒葉，攪拌約10秒呈黏稠狀即完成。倒入乾淨的保存容器冷藏，或是裝入密封夾鏈袋，壓平後冷凍保存。

搭配菜色

清淡的魚淋上濃郁的醬料

清蒸白肉魚
佐青醬

材料【2人份】

白肉魚切片（鯛魚等）—— 2片
蕪菁 —— 1顆
紅蘿蔔 —— ⅓根
羅勒醬 —— 適量
鹽 —— 少許

作法

1 白肉魚去除魚骨後，撒上些微的鹽。蕪菁切成4等分，紅蘿蔔切成長5cm的棒狀。

2 將擦乾水分的白肉魚、蔬菜放入已預熱的蒸鍋內，約蒸煮5分鐘後盛盤，淋上羅勒醬。

如果要將醬料冷凍保存時

分成方便使用的量，倒入密封夾鏈袋內，夾鏈確實闔上密封後，壓平放入冷凍保存。

小包分裝成每次要使用的量

新鮮奶油

冷藏保存
1週

只要攪拌一下，
在家也能輕鬆製作奶油，
享受口感鬆軟濃醇好滋味。

如果沒有攪拌器，可以將生奶油放入保特瓶內，搖晃10分鐘左右，凝固後切開保特瓶取出。之後有用到攪拌器的場合，也是可以利用相同方式替代。這次是介紹製作無鹽奶油，如果想要製作含鹽奶油，請在作法①多加入¼小匙的鹽即可。

材料【完成分量約100g】

生奶油（脂肪含量47%以上）⋯⋯200ml

工具

手持攪拌器、廚房紙巾（厚款）

作法

1 將生奶油放入調理碗內，用手持攪拌器攪拌5～6分鐘。

2 過程中有水分（乳清）釋出的話，就將水分倒入其他的容器內，重覆動作2～3次，直到水分去除為止。

3 將 **2** 鋪在厚款的廚房紙巾上，紙巾向內摺，包覆成四角形狀。重覆更換紙巾2～3次以吸附水分，約1小時左右脫水完成。

葡萄乾奶油　　　　香蒜奶油

搭配菜色

塗在麵包或餅干上

香蒜奶油
&葡萄乾奶油

香蒜奶油的材料【完成分量約30g】

新鮮奶油⋯⋯30g

大蒜碎末、迷迭香葉（新鮮、切細末）⋯⋯各½小匙

鹽⋯⋯少許

葡萄乾奶油的材料【完成分量約30g】

新鮮奶油⋯⋯30g

葡萄乾（浸泡溫水還原、切細末）⋯⋯1大匙

鹽⋯⋯少許

作法

將置於室溫已軟化的奶油放入容器內，再將其他的材料倒入容器，用湯匙等器具攪拌混合至滑順狀態為止，可依個人喜好添加少許的鹽。

作法

1 將花生放入搗缽內，用搗杵搗碎。

2 搗碎至還帶點花生顆粒的感覺時，將Ⓐ倒入。

3 將全部材料混合均勻攪拌，直到呈現個人喜好的滑順口感為止，再稍加搗碎後即完成，放入保存容器冷藏保存。

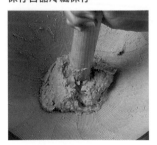

材料【完成分量約100g】
花生（無鹽）…… 100g
Ⓐ 奶油 …… 30g
　蜂蜜 …… 1大匙

工具
搗缽、搗杵

花生奶油

花生香氣濃厚，可以依個人喜好調整甜度，這就是手作的好處。

冷藏保存
1 週

┌─ 料理小知識 ─┐
只要省去作法 **2** 之中的蜂蜜，可以搭配雞肉料理或涼拌蔬菜等，料理上的運用也不少。

美乃滋

自製的酸味不會太強烈，口感相當溫和，製作的技巧是油要慢慢加入。

冷藏保存
1週

作法

1 將Ⓐ倒入調理碗內，用打蛋器充分攪拌混合。沙拉油慢慢加入的同時要一邊攪拌，注意若一口氣將沙拉油倒入，會產生油水分離之現象。

2 攪拌至呈現乳白色奶油狀、打蛋器提起呈濃稠帶狀慢慢落下的程度即完成，放入保存容器內冷藏保存。

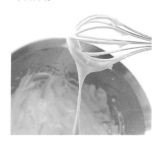

材料【完成分量約120g】

Ⓐ 蛋黃（室溫退冰）⋯⋯ 1顆的量
　醋 ⋯⋯ 1大匙
　鹽、芥末醬 ⋯⋯ 各¼小匙
　胡椒 ⋯⋯ 少許
沙拉油 ⋯⋯ 100ml

完成後作為生菜的沾醬，更能吃出食材的原始風味，美味程度更昇級。

料理小知識
如果製作用的調理碗裡有髒污或水分，會造成油水分離的現象，所以請使用乾淨的容器製作。

雞肝醬

預先將新鮮的雞肝簡單製作保存，在家也能重現餐廳佳餚，
一定要搭配麵包或紅酒一起享用。

冷藏保存
2~3天

工具
食物調理機

料理小知識

以白味噌提味，可以去除
雞肝的腥味，讓氣味更溫
和，讓不敢吃雞肝的人也
能輕鬆入口。

材料【方便製作的分量】

雞肝 ── 500g

牛奶 ── 300ml

奶油（無鹽）── 20g

洋蔥切薄片 ── 中型1顆的量（180g）

大蒜切薄片 ── 1瓣的量

Ⓐ 綜合辛香料 ── ½小匙

　薑粉 ── ½大匙

　白味噌 ── 30g

　白蘭地 ── 1大匙

　鹽、胡椒 ── 各少許

迷迭香（新鮮）── 2株

④ 再將雞肝倒回鍋內，倒入 ④ 混合拌炒，味噌充分沾染鍋內整體食材後，關火待降溫冷卻。

> **Tip!** 加入白蘭地增加香氣。

⑤ 冷卻後移入食物調理機內，倒入切成碎末的迷迭香，啟動攪拌至呈滑順狀態為止。放入保存容器整平，用保鮮膜完整覆蓋後冷藏保存，請於2~3天內食用完畢。

作法

① 將雞肝快速沖洗一下擦乾水分後，去除多餘的脂肪，切成一口大小，再浸泡至牛奶裡約30分鐘後，撈至濾網瀝乾。

② 將奶油放入厚度大的鍋子內開火，加入 1 下去熱炒。

③ 雞肝炒熟後，先取出鍋外，不關火讓鍋子繼續煮，加入蔥、大蒜炒至呈現透明狀為止。

鹽漬檸檬

將檸檬帶皮以鹽醃漬熟成，溫和的酸味中帶點鹹，料理美味更昇級。

檸檬的香加上鹽巴的鮮，口感十分清爽。

鹽漬檸檬雞翅燒

材料【2人份】

雞翅 —— 4隻
洋蔥 —— ½顆
馬鈴薯 —— 4小顆
鹽漬檸檬 —— ¼顆的量
黑胡椒 —— 適量
橄欖油 —— 1大匙

作法

1 將雞翅撒上少許的胡椒，洋蔥切薄片，馬鈴薯充分洗淨。

2 橄欖油倒入鍋內開火，油熱後加入洋蔥熱炒，洋蔥軟化出水後放入雞翅，將雞肉表面快速翻炒，再加入馬鈴薯一起熱炒。

3 當油完全沾附在所有的食材上時，加入鹽漬檸檬、倒入水200ml，煮滾後撈除浮末，蓋上鍋蓋後轉小火煮20分鐘左右。

4 最後完成時，撒上少許胡椒增加香氣，然後盛盤，如果有的話，可以再撒上義大利香芹點綴裝飾。

材料【檸檬2顆的量】

檸檬（無農藥）—— 2顆（約200克）
粗鹽 —— 50克

工具

保存瓶（耐酸材質）

作法

1 將檸檬充分洗淨，切成一瓣一瓣，和鹽一起交互裝入已煮沸消毒的保存瓶內，裝到擠滿整個瓶身為止。瓶蓋如果是金屬製的話，蓋上瓶蓋前記得先用保鮮膜覆蓋瓶口隔離，避免生鏽。

2 上下搖晃瓶身，使鹽遍及瓶內各處。放至陰涼處，1天搖晃1次瓶身，4～5天後會釋出水分。

3 約放置1週，待檸檬皮軟化即完成，移至冷藏保存。

料理小知識

醃漬時，除了鹽，還可以加入
月桂葉、胡椒粒、香草類等，
偶爾嚐試一下獨特的風味也不
錯。

鹽麴
醬油麴

將麴的效用發揮到最大。
就能引出溫醇濃厚風味的魔法調味料。
只要加一點到料理裡，

冷藏保存
3~4個月

醬油麴

鹽麴

米麴在超市也購買得到，生米麴或乾燥米麴都可以，只要調整水量即可。

料理小知識
熟成中會釋出氣體（二氧化碳），所以注意不要裝填到瓶口的位置。

搭配菜色

鹽麴能引出蕃茄的甘甜味
鹽麴漬小蕃茄

材料【方便製作的分量】
小蕃茄 ⋯⋯ 1袋
鹽麴 ⋯⋯ 1大匙

作法

1 將小蕃茄的蒂頭去除，放入已煮沸消毒的保存瓶內，加入鹽麴，蓋上瓶蓋。

2 輕輕上下搖晃瓶身，使鹽麴平均遍滿各處，浸漬2天左右即可食用。

鹽麴

材料【方便製作的分量】
米麴（乾燥）⋯ 200g
鹽 ⋯⋯ 50～60g
水（礦泉水）⋯ 280ml
※若是使用生麴製作，水量200ml即可。

作法

1 將麴放入調理碗內，用兩手搓揉混合再撥鬆，將鹽加入繼續攪拌混合。

2 倒入礦泉水，用乾淨的湯匙充分翻攪，以防止鹽堆積在底部。

3 將 2 放入已煮沸消毒的容器內，常溫下夏天放置1週、冬天放置放2週左右，1天要攪拌1次。待麴芯軟化散開，呈現黏稠狀即完成，放入冷藏保存。

醬油麴

材料【方便製作的分量】
米麴 ⋯⋯ 100g
醬油 ⋯⋯ 100ml

作法

將麴和醬油倒入已煮沸消毒的容器內攪拌混合，放至陰涼處保存（夏天冷藏保存），1天1次用乾淨的湯匙攪拌，經1週到10天左右，即可享用。

※除了煎、煮料理可以添加之外，還可當作醬汁淋在豆腐、納豆上，要作為蔬菜的沾醬也可以。

作法

1 製作調味辣椒。將 Ⓐ 放入稍大一點的調理碗內攪拌混合，利用打蛋器充分拌勻。

2 製作香油。將沙拉油和 Ⓑ 放入鍋內開火，以約170度的火候加熱，逼出油的香氣。在蔥和薑燒焦之前用漏勺將 Ⓑ 撈出，轉至大火。

3 待 **2** 煮至冒出熱煙時關火，用大湯勺撈出倒入 **1** 內，調味辣椒起泡後靜置待冷卻。

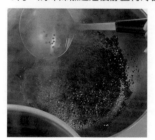

4 將鋪好濾紙的漏斗置入杯子等容器，將 **3** 過濾倒入杯內即完成。移入乾淨的保存瓶內，放至陰涼處保存。

> **料理小知識**
> 將高溫的油倒入調味辣椒裡頭時，一瞬間會有熱蒸氣湧出，請注意要在空氣流通的場所下操作，並小心別讓熱蒸氣熏到眼睛。

材料【完成分量約120ml】

Ⓐ 韓國辣椒粉 ⋯⋯ 50g
│ 水 ⋯⋯ 1大匙
│ 烘焙白芝麻 ⋯⋯ 10g
沙拉油 ⋯⋯ 250ml
Ⓑ 紅辣椒（切對半）⋯⋯ 5根的量
│ 八角 ⋯⋯ 1粒
│ 薑切薄片 ⋯⋯ 1片
│ 青蔥（蔥綠的部分）⋯⋯ 5cm

工具
咖啡濾紙、漏勺

辣油

只是將燒熱的香油加到調味辣椒裡的一個動作，即可享受口感極佳的辛辣滋味，製作一次後就會上癮。

陰涼處保存
3 個月

韓式辣椒醬

就像是甜辣味噌的韓國調味料，
一般是需要等待至發酵熟成，
此次介紹未經發酵的食譜作法。

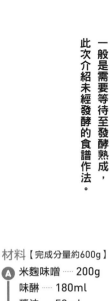

材料【完成分量約600g】

Ⓐ 米麴味噌 —— 200g
　味醂 —— 180ml
　醬油 —— 50ml
　麥芽糖 —— 150g
韓國辣椒粉 —— 80g
細砂糖 —— 40g

冷藏保存
3個月

作法

1 將Ⓐ倒入厚度大的鍋子內攪拌混合，開火轉中小火，用木鏟不斷地翻攪以防止燒焦，煮滾後關火將鍋子從爐子上移開。

2 將韓國辣椒粉少量慢慢地倒入鍋內，調合在一塊，待醬汁變濃稠滑順後，將細砂糖同樣少量慢慢地倒入鍋內，再全部一起攪拌混合。

3 降溫冷卻後移入已煮沸消毒的保存容器內，冷藏放置一天以上，待味道融合後即完成。

料理小知識

在燒肉醬（p.141）、豆腐煲、石鍋拌飯裡頭加入一些韓式辣椒醬，味道會更加濃郁。

涼麵沾醬

靜置一晚，味道會變得更為醇厚。

材料【完成分量約600ml】
味醂 —— 100ml
Ⓐ 水 —— 500ml
　 醬油 —— 150ml
柴魚片 —— 20g

作法

1 準備稍微大一點的鍋子，將味醂倒入開火，讓它煮滾一下。

2 將Ⓐ倒入，沸騰後柴魚片分3次倒入，咕嘟咕嘟沸騰約煮1分鐘，關火待降溫。

3 濾網放在調理碗上，再用厚款的廚房紙巾鋪在濾網內，將 **2** 過濾後移入保存容器靜置一晚即完成。

冷藏保存
1 週

柚子辣椒醬

完全熟成的黃色柚子配上火紅的辣椒，辣味溫和不刺激。

材料【完成分量約30g】
柚子（大）—— 1顆
Ⓐ 韓國辣椒粉 —— 1小匙
　 紅辣椒（生辣椒連同種籽切成細末）—— 1根的量
　 鹽 —— ½小匙

工具
搗缽、搗杵

作法

1 將柚子皮磨出20g的細末放入搗缽內。

2 將Ⓐ倒入，用搗杵搗磨直到呈滑順狀後，移入乾淨的保存容器即完成。鍋裡殘留的調味料，和橄欖油一起混合，加到柚子醬或湯品裡，就變成異國料理風的料理，用法多樣化。

冷藏保存
1 個月

料理小知識

麵線、竹簍蕎麥麵等，不用稀釋直接沾著吃。也非常推薦用來作為水煮物、涼拌菜、鍋物的「調味料」。

料理小知識

剝皮後的柚子搾成汁，放入冷藏保存，可以運用到柚子醬或烤魚料理等。

燒肉醬

爽口辣味的基底醬料

材料【完成分量約420ml】

酒、味醂 —— 各100ml

洋蔥（中）—— ½顆（100g）

Ⓐ 醬油 —— 150ml

　韓式辣椒醬（p.139）—— 50g

　烘焙白芝麻 —— 10g

　大蒜切碎末 —— 1瓣的量

作法

1 將酒、味醂放入鍋內開火　稍微煮滾一下，讓酒精揮發。

2 洋蔥切碎末，加入到 1 鍋內。

3 加入 Ⓐ，用打蛋器充分攪拌混合，防止燒焦。煮滾後關火，靜置冷卻後移入保存容器冷藏保存。

冷藏保存 1 個月

柚子醋

製作完成後，清爽的柚子香令人無法擋。

材料【完成分量約100ml】

醬油、柚子搾成汁 —— 各50ml

酒、味醂、醋 —— 各1大匙

煮湯用昆布 —— 5cm

柴魚片 —— 5g

作法

1 將全部的材料放入保存容器後，冷藏放置一晚。

2 濾網放在容器上，再用厚款的廚房紙巾鋪在濾網內，將 1 過濾後即完成，倒入保存容器冷藏保存。

冷藏保存 2~3 天

料理小知識

韓式辣椒醬多加一點的話，味道會更加濃郁，洋蔥多加一點的話，口感會較溫順，依個人喜好調整用量，找出適合自己的最佳口味吧。

料理小知識

可用苦橘、臭橙、蜜柑等代替柚子，採用其他柑橘類的果實製作，也是一樣美味哦。

材料類別 INDEX

PROFILE

料理・指導　黑田民子（KURODA・TAMIKO）

料理研究家，憑藉自己的育兒和家庭主婦經驗，致力於活用當季食材製作果醬、甜食、味噌、醃梅子、簡單的燻製培根等家常手作料理，每天都沉浸在親手下廚的樂趣中。同時也在生活綜合情報網站ALL About的「ホームメイドクッキング」（家庭手作烹飪）專欄中擔任料理指導，發表許多安心飲食以及洋溢四季風情的料理食譜。此外，也經常為各大媒體平台撰寫食譜和專欄。著有《いちばん簡單な手作り燻製レシピ》（超簡單手作燻製食譜，河出書房新社）、《「バーミキュラ」だから野菜がおいしい簡單レシピ》（用「Vermicular琺瑯鑄鐵鍋」輕鬆做菜超美味食譜，三才BOOKS）等多本書籍。

TITLE

幸福保存食 家傳筆記

STAFF

出版	三悅文化圖書事業有限公司
作者	黑田民子
譯者	莊鎧寧
總編輯	郭湘齡
責任編輯	徐承義
文字編輯	黃美玉　蔣詩綺
美術編輯	陳靜治
排版	二次方數位設計
製版	昇昇興業股份有限公司
印刷	桂林彩藝印刷股份有限公司

ORIGINAL JAPANESE EDITION STAFF

撮影（表紙・新規撮影分）／白根正治
撮影（再掲載分）／主婦の友社写真課
スタイリング／坂上嘉代
ブックデザイン／釜内由紀江、石神奈津子（GRiD）
イラスト／Yuzuko
取材・文／和田康子
撮影協力／UTUWA、AWABEES
編集担当／中野桜子

法律顧問	經兆國際法律事務所　黃沛聲律師
戶名	瑞昇文化事業股份有限公司
劃撥帳號	19598343
地址	新北市中和區景平路464巷2弄1-4號
電話	(02)2945-3191
傳真	(02)2945-3190
網址	www.rising-books.com.tw
Mail	deepblue@rising-books.com.tw
初版日期	2017年9月
定價	350元

國家圖書館出版品預行編目資料

幸福保存食家傳筆記：一輩子受用
無窮、一整年手作料理全收錄。
黑田民子作；莊鎧寧譯. -- 初版.
-- 新北市：三悅文化圖書, 2017.09
144面；　18.2 x 23.5公分
ISBN 978-986-94885-6-3(平裝)

1.食品保存 2.食譜
427.7　　　　　　　　106013949

Yasashii hozonshoku to jikasei recipe
© Shufunotomo Co., Ltd. 2015
Originally published in Japan in 2015 by SHUFUNOTOMO CO., LTD.
Chinese translation rights arranged through DAIKOUSHA INC., Kawagoe.